생각을 키우는

와이즈만
창의사고력
수학

초등 1·2학년

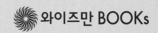
와이즈만 BOOKs

와이즈만 창의사고력 수학
초대장을 받은 친구들에게

수학 친구들의 행복한 수학 놀이터, 와이즈만 창의사고력 수학의 초대장을 받고, 수학 탐험의 세계로 오신 여러분을 환영합니다.

가우스는 열 살 때 선생님께서 1에서 100까지의 합을 구하라는 문제를 내자, 1부터 100까지의 수를 하나 하나 더하는 친구들 사이에서 단번에 정답 5,050을 써냈습니다.

깜짝 놀란 선생님이 어떻게 이렇게 빨리 답을 구했는지 물어보았지요.

그러자 어린 가우스는

"1하고 100하고 더했더니 101이 나와요.

2하고 99하고 더해도 101이 나오고요.

3과 98을 더해도 마찬가지였어요.

그래서 전 101에 100을 곱했어요.

이것은 1부터 100까지 두 번 더한 셈이기 때문에 101에 100을 곱한 후 2로 나누었어요."

라고 말했지요.

덧셈 문제를 단순히 순서대로 더하지 않고 자신만의 창의적인 방법으로 풀어낸 가우스!

가우스는 훗날 세계 3대 수학자들 중 1명이 되었답니다.

가우스처럼 창의적인 방법으로 문제를 풀고 싶지 않나요?

수학은 공식을 외어서, 또는 알고 있는 것을 기억해내서 푸는 것이 아닙니다. 제대로 이해하고, 생각하고 응용하여 해결 열쇠를 만들어내는 것이지요.

와이즈만 창의사고력 수학과 함께한다면 수학을 창의적으로 생각하고 자신 있게 푸는 자신의 모습을 발견하게 될 것입니다. 와이즈만 창의사고력 수학에는 학교에서 배우는 교과서 문제를 비롯해서 수학적 상상력과 창의력을 폭발적으로 뿜어낼 수 있는 수학비밀을 가득 담았습니다.

암호, 퍼즐, 퀴즈, 수학 이야기 등을 통해 예비 영재들이 즐겁고 흥미롭게 수학을 만나고 수학적 사고력과 표현력, 창의적 문제해결력을 향상시킬 수 있게 됩니다.

지금부터 즐겁고 신나게 와이즈만 창의사고력 수학의 비밀을 만나보세요!

와이즈만 창의사고력 수학 사용 설명서

✎ 자기주도 학습 체크리스트에 공부 계획을 세워 보세요.

✎ 강의를 듣기 전에 먼저 스스로 생각하며 풀어 보세요.

✎ 선생님의 친절한 강의를 들을 때는 질문에 대답해 가며 강의에 참여하세요.

✎ 강의를 듣는 데는 30분이면 충분해요.

✎ 공부를 마치고 확인란에 체크해 주세요.

✎ 계획을 잘 실천한 자신을 칭찬해 주세요.

구성과 특징

Stage 2를 먼저 학습해도 좋습니다.

Stage 1

학교 공부 다지기

기본 수학실력 점검과 학교 수업 내용 총정리

▶ 특징 1 **최상위권 문제**

- 학년 종합 문제로 총 1~10강으로 구성되었습니다.
- 고난이도 핵심 문제 및 응용 문제로 구성되어 최상위권을 정복할 수 있습니다.

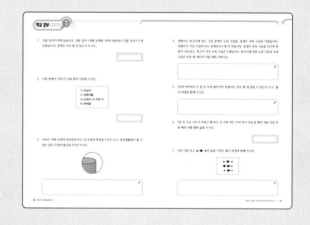

▶ 특징 2 **학년별 필수 핵심 개념 이해**

- 강의별 6~7문항의 선별된 수학 교과의 대표 심화 문제로 구성되어 학년별 필수 핵심 개념 이해를 점검하고 문제해결력을 기를 수 있습니다.

▶ 특징 3 **문항별 상세한 문제풀이**

- 핵심 교과 개념을 한 눈에 알기 쉽게, 꼼꼼하게 문제 풀이로 정리합니다!
- 문항별 상세한 문제풀이로 학습의 이해를 높입니다.

와이즈만 영재탐험 (수학비밀 시리즈)

수학적 사고력과 표현력, 창의적 문제해결력 향상

▶ 특징 1 와이즈만의 수학 비밀 선물

- 암호, 퍼즐, 패턴, 논리, 퀴즈 등의 다채로운 문제 유형과 수학비밀 컨셉으로 구성되어 즐겁고 흥미롭게 학습에 참여할 수 있습니다.
- 총 11~40강으로 구성되어 풍성하고 유익한 수학탐험이 가능합니다.

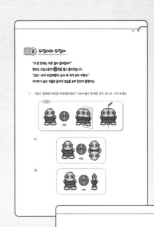

▶ 특징 2 흥미진진한 스토리텔링형

- 생활 속에서 접할 수 있는 흥미로운 소재와 학생들의 학년별 수준에 맞는 스토리텔링형 문제로 구성되어 수학에 대한 흥미를 갖게 합니다.

▶ 특징 3 창의융합형 사고력 up!

- 수학적 사고력과 이해력을 높이는 창의융합 문제로 구성되어 문제해결력을 기를 수 있습니다.

▶ 특징 4 영재교육원 대비 맞춤형

- 변화하는 영재교육원 대비 맞춤형 문제 구성으로 수학 사고력 및 창의적 문제해결력을 높이고 도전에 자신감을 갖게 합니다.

▶ 특징 5 변화하는 입시에서 꼭 필요한 서술 능력 강화

- 복잡하고 낯선 문제에도 도전하며, 스스로 생각하여 해결의 실마리를 찾고 해결 과정을 논리적으로 서술하는 능력을 길러줍니다.

이 책의 차례

자기주도 학습 체크리스트

◈ 자기주도 학습 체크리스트에 공부 계획을 세워 보세요.

◈ 강의를 듣기 전에 먼저 스스로 생각하며 풀어 보세요.

◈ 선생님의 친절한 강의를 들을 때는 질문에 대답해 가며 강의에 참여하세요.

◈ 강의를 듣는 데는 30분이면 충분해요.

◈ 공부를 마치고 확인란에 체크해 주세요.

◈ 계획을 잘 실천한 자신을 칭찬해 주세요.

영상	단원	계획일	확인
1	학교 공부 다지기 1		
2	학교 공부 다지기 2		
3	학교 공부 다지기 3		
4	학교 공부 다지기 4		
5	학교 공부 다지기 5		
6	학교 공부 다지기 6		
7	학교 공부 다지기 7		
8	학교 공부 다지기 8		
9	학교 공부 다지기 9		
10	학교 공부 다지기 10		

1

학교 공부 다지기

1. 선물 상자가 9개 있습니다. 선물 상자 1개에 공책을 1권씩 담았더니 선물 상자가 1개 남았습니다. 공책은 모두 몇 권 있는지 쓰시오.

2. 다음 중에서 가장 큰 수를 찾아 기호를 쓰시오.

> ㉠ 오십사
> ㉡ 마흔아홉
> ㉢ 62보다 10 작은 수
> ㉣ 쉰여덟

3. 다음은 어떤 모양의 일부분입니다. 이 모양의 특징을 1가지 쓰고, 일상생활에서 볼 수 있는 같은 모양의 물건을 2가지 쓰시오.

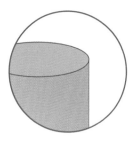

4. 샛별이는 바구니에 있는 구슬 중에서 노란 구슬을, 동생은 초록 구슬을 가졌습니다. 샛별이가 가진 구슬의 수는 동생보다 1개 더 적습니다. 동생은 초록 구슬을 친구와 똑같이 나누었고, 친구가 가진 초록 구슬은 2개입니다. 바구니에 있던 노란 구슬과 초록 구슬은 모두 몇 개인지 식을 세워 구하시오.

5. 1부터 9까지의 수 중 두 수의 합이 9인 덧셈식은 모두 몇 개 만들 수 있는지 쓰고, 풀이 과정을 함께 쓰시오.

6. 7을 두 수로 가르기 하려고 합니다. 큰 수와 작은 수의 차가 가장 클 때의 차와 가장 작을 때의 차를 합한 값을 쓰시오.

7. 다음 식을 보고 $▲+■-★$의 값을 구하고 풀이 과정과 함께 쓰시오.

$$▲+■=★$$
$$■+■=6$$
$$★-■=4$$

1. 숙제를 빨리 끝낸 순서대로 줄을 섰습니다. 혜정이 앞에 민수가 섰고, 윤주 뒤에는 정호가 섰습니다. 혜정이 뒤에 윤주가 섰다면 숙제를 가장 늦게 끝낸 사람은 누구인지 풀이 과정과 함께 쓰시오.

2. ㉠, ㉡, ㉢에 가득 담긴 물을 같은 컵으로 모두 퍼냈더니 퍼낸 횟수가 ㉠은 4번, ㉡은 6번, ㉢은 3번이었습니다. ㉠, ㉡, ㉢ 중 그릇의 크기가 가장 작은 그릇의 기호를 쓰시오.

3. 다음 숫자 카드를 2장 골라 9보다 크고 20보다 작은 수를 만들려고 할 때 만들 수 있는 수를 모두 쓰시오.

4. 다음 중 개수가 가장 많은 간식을 10개 들이 상자에 담을 때, 몇 상자에 담을 수 있고 몇 개가 남는지 구하시오.

간식	빵	우유	사탕	귤
개수	마흔일곱	서른아홉	열일곱	스물여덟

5. 다음은 친구들이 가진 구슬의 개수입니다. 여든 개보다 더 많이 가진 친구의 이름을 쓰시오.

민지	10개씩 묶음 6개와 낱개 18개
호윤	10개씩 묶음 7개와 낱개 9개
정아	10개씩 묶음 5개와 낱개 31개

6. 보기 의 수 중에서 ♥, ■, ▲에 알맞은 수를 넣어 완성할 수 있는 덧셈식을 모두 쓰시오.

$$♥■+5▲=79$$

[보기]

1, 2, 3, 6

7. 다음 식을 보고 ○+□+△의 값은 몇인지 풀이 과정을 쓰고 답을 구하시오.

$$5+4+○=14$$
$$3+△+7=12$$
$$□+2+8=18$$

1. 빨간색 이름표 1개와 노란색 이름표 6개를 나란히 한 줄로 이어서 놓았습니다. 빨간색 이름표 뒤에는 노란색 이름표가 3개 있습니다. 빨간색 이름표는 앞에서 몇째에 놓여 있는지 쓰시오.

2. 다음 모양에서 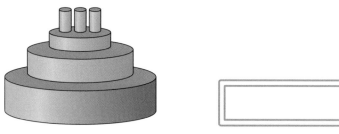 모양을 1개 덜 사용하여 만들기를 할 때, 필요한 모양은 몇 개인지 쓰시오.

3. 무게가 같은 사탕을 똑같은 봉투에 담았습니다. 다음 중 무게를 재었을 때 넷째로 무거운 봉투는 오른쪽에서 몇째 봉투인지 쓰시오.

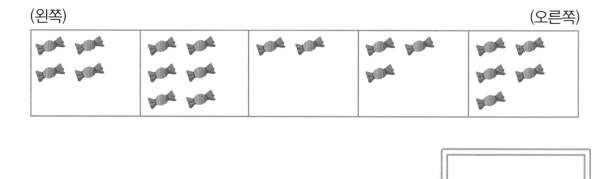

4. 소진이는 색종이를 마흔 두 장 가지고 있습니다. 민호는 소진이보다 두 장 더 많이 가지고 있습니다. 민호가 가진 색종이를 봉지에 10장씩 넣으면 색종이는 낱개로 몇 장이 남겠는지 풀이 과정을 쓰고 답을 구하시오.

5. ㉠~㉥ 중 둘째로 넓은 것을 찾아 기호를 쓰시오.

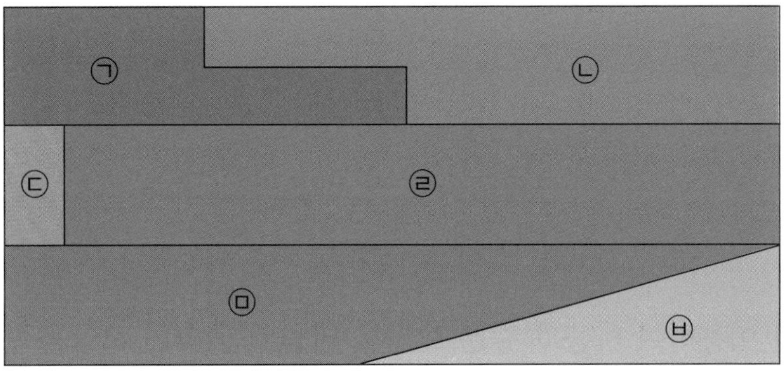

6. 상자 안에 있는 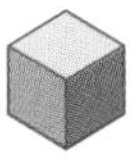 모양으로 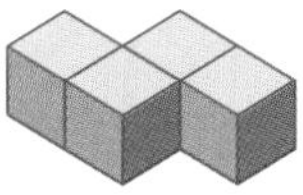 모양을 몇 개까지 만들 수 있을지 쓰시오.

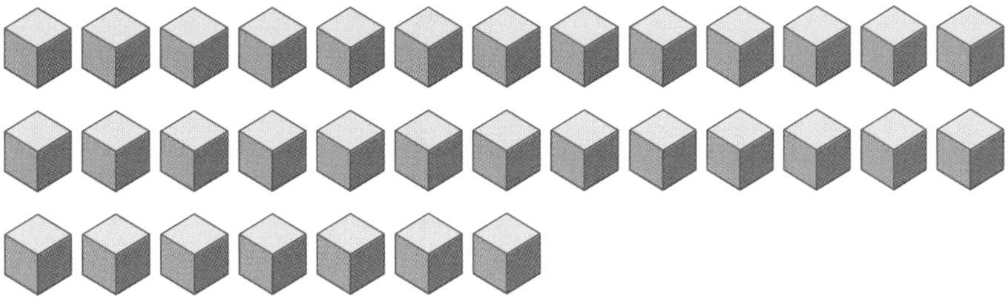

7. 다음 두 수의 사이에 있는 수 중에서 둘째로 큰 수를 골라 쓰시오.

쉰	10개씩 묶음 4개와 낱개 여섯 개인 수

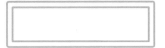

1. 9에서 4를 빼고 어떤 수를 더하였더니 11이 되었습니다. 어떤 수에 5를 더하면 얼마인지 구하시오.

2. 성냥개비를 이용하여 다음과 같은 모양을 만들었습니다. 모양을 만드는 데 필요한 성냥개비의 개수를 구해 쓰고, 성냥개비로 만든 모양에서 □ 모양과 △ 모양의 개수의 차는 몇 개인지 쓰시오.

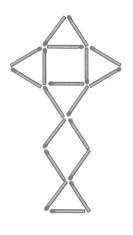

3. 1부터 9까지의 수 중에서 ♥와 ★ 안에 공통으로 들어갈 수 있는 수의 합을 구하시오.

$$35 + ★ < 39 \qquad 85 - ♥ > 82$$

4. 다음 식의 □와 △에 각각 1부터 9까지의 수를 넣어서 만들 수 있는 덧셈식을 모두 쓰시오.

$$\square + \triangle + 3 = 13$$

✎

5. 다음 시계의 긴바늘이 세 바퀴 움직였을 때의 시각을 구하시오.

6. 3개의 숫자판이 있습니다. 각각의 규칙에 맞도록 빈칸 가, 나, 다에 들어갈 수를 찾아 가+나+다의 값을 구하시오.

1	4	7
가	5	8
3	6	9

1	2	3
4	5	6
나	8	9

다	6	3
8	5	2
7	4	1

1. 1~9까지의 수가 적힌 카드 중 2장을 뽑았더니 두 수의 합이 15이고, 두 수의 차는 1이었습니다. 두 수를 이용하여 만들 수 있는 가장 큰 두 자리 수를 구하시오.

2. 다음 식에 쓰인 □, ○, △의 값을 구하여 △+○-□의 값을 쓰시오.

$$14-□=△$$
$$△-○=2$$
$$14-○=○$$

3. [보기] 속 친구들이 말하는 수를 모두 합하면 몇입니까?

[보기]

민기: 100원 짜리 동전 2개와 50원 짜리 동전 4개로 만들 수 있는 수입니다.
지영: 90보다 10 큰 수가 3개 있는 수입니다.
호연: 10개씩 묶음이 10개인 수입니다.

4. 각자 세 자리 수를 가지고 있을 때 가장 큰 수를 가지고 있는 사람은 누구입니까?

| 현미: 5★8 | 선혜: 2■♥ | 윤아: 4▲9 | 민규: 506 |

5. 다음 도형에 그린 세 점 중 두 점씩 곧은 선으로 연결한 후, 선을 따라 자르면 삼각형이 몇 개 생기는지 쓰고, 만들어진 모든 도형의 꼭짓점의 개수의 합을 쓰시오.

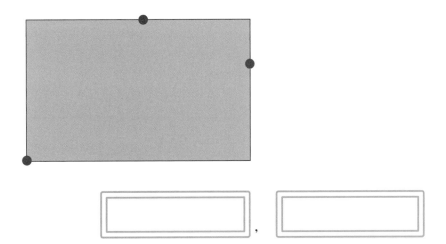

,

6. 칠교판에서 찾을 수 있는 크고 작은 삼각형을 모두 구하고 변의 수의 합을 쓰시오.

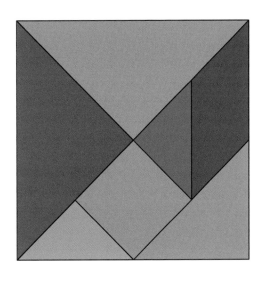

,

1. 선으로 이은 두 수의 합이 ⬭ 안의 수와 같을 때 ★, ■, ♥의 값을 각각 구하시오.

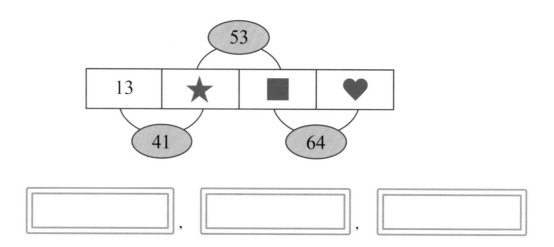

13	★	■	♥

　, 　, 　

2. 다음에서 설명하는 수를 구하시오.

- 두 자리 수이다.
- 일의 자리 숫자는 5이다.
- 이 수에서 8을 뺀 값의 십의 자리 숫자는 3이다.

3. 두 자리 수의 뺄셈식에서 ▲와 ♥에 알맞은 수를 구하려고 합니다. 다음 식을 완성할 수 있는 뺄셈식을 모두 구하시오.

$$\begin{array}{r} ♥\ ▲ \\ -\ ▲\ ♥ \\ \hline 6\ 3 \end{array}$$

4. 다음 두 수의 합이 81일 때 두 수의 차를 구하시오.

□3,　2△

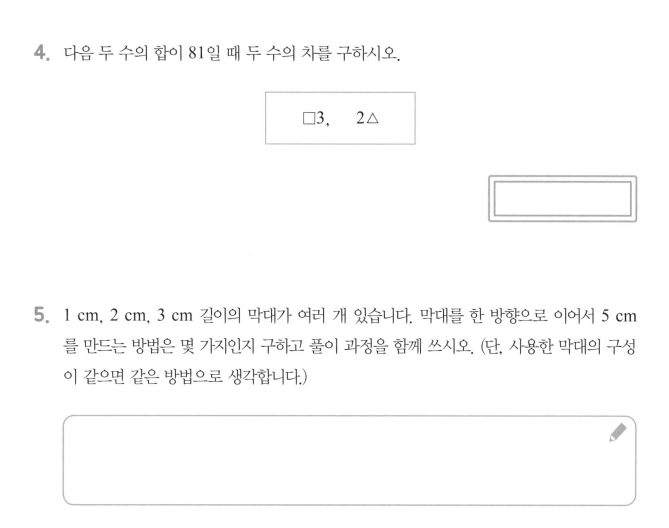

5. 1 cm, 2 cm, 3 cm 길이의 막대가 여러 개 있습니다. 막대를 한 방향으로 이어서 5 cm 를 만드는 방법은 몇 가지인지 구하고 풀이 과정을 함께 쓰시오. (단, 사용한 막대의 구성 이 같으면 같은 방법으로 생각합니다.)

6. 사탕, 빵, 사과, 수박을 간식의 종류에 따라 분류하였을 때 가장 적은 간식이 가장 많 은 간식의 수와 같게 하려면 어떤 간식이 몇 개 더 필요한지 쓰시오.

1. 지호네 반 학생들의 좋아하는 계절을 조사하였습니다. ■에 알맞은 계절을 쓰시오.

봄	여름	봄	여름
겨울	겨울	■	가을
여름	가을	여름	겨울
여름	여름	가을	겨울

계절	봄	여름	가을	겨울
학생 수(명)	2	6	3	5

2. 10명의 어린이가 가위바위보를 했습니다. 그중 3명의 어린이가 가위를 내서 이겼을 때, 10명의 어린이가 펼친 손가락은 모두 몇 개입니까?

3. 주어진 수 카드 4장 중에서 2장을 뽑아 두 수를 곱한 값이 가장 큰 것과 가장 작은 것의 합을 구하시오.

4   3   2   9

4. 민지네 모둠은 7명입니다. 각자 칭찬 스티커를 1개 또는 2개씩 받아서 모았더니 총 12장이었습니다. 스티커를 1장 받은 사람은 몇 명인지 쓰시오.

5. 문구점에서 파는 색연필의 가격은 3000원입니다. 현주는 색연필을 2개 사려고 합니다. 현주가 1000원짜리 지폐 3장, 100원짜리 동전 21개, 10원짜리 동전 4개를 가지고 있다면 얼마가 더 필요한지 쓰시오.

6. 그림 속 쌓기나무에 의 설명대로 모양 스티커를 붙이려고 합니다. ㉠ 모양의 쌓기나무에 붙인 모양 스티커에 그려진 도형의 변과 꼭짓점의 수의 합을 구하시오.

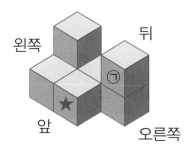

[보기]

- ★ 모양을 붙인 쌓기나무의 뒤의 쌓기나무에 □ 모양 스티커를 붙인다.
- □ 모양을 붙인 쌓기나무의 오른쪽의 쌓기나무에 △ 모양 스티커를 붙인다.
- △ 모양을 붙인 쌓기나무의 위쪽의 쌓기나무에 ⬠ 모양 스티커를 붙인다.

1. 수의 숫자 한 개씩이 □로 되어 있는 3개의 네 자리 수가 있습니다. 3개의 수의 크기에 따라 >를 사용하여 쓰시오. (단, □는 어떤 수인지 모릅니다.)

| 5□01 | 59□2 | 499□ |

2. 천의 자리의 숫자가 3이고 십의 자리 숫자가 나타내는 값이 50, 일의 자리 숫자는 2의 4배인 수로 이루어진 네 자리 수를 모두 쓰시오.

3. 다음 다섯 장의 카드 중에서 2장을 골라 한 번씩만 사용하여 곱셈구구를 만들려고 합니다. 만들 수 있는 곱셈구구의 가장 큰 곱과 가장 작은 곱의 차를 구하시오.

9 8 4 6 7

4. 자를 이용하여 이름표의 긴 부분의 길이를 재려고 합니다. 이름표의 긴 부분은 몇 m 몇 cm인지 쓰시오.

5. 현석이는 길이가 140 cm인 줄자와 길이가 25 cm인 플라스틱 자를 이용하여 방의 벽면의 길이를 재었습니다. 벽면은 줄자로 4번 재고, 플라스틱 자로 2번 더 잰 길이와 같았습니다. 벽면의 길이는 몇 m 몇 cm인지 구하시오.

6. □, ▲, ● 안에 1부터 9까지의 수 중 세 수를 한 번씩 넣어 두 자리 수의 덧셈식을 완성하려고 합니다. 만들 수 있는 덧셈식을 모두 구하시오.

$$2□+▲●=42$$

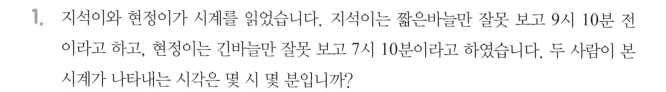

1. 지석이와 현정이가 시계를 읽었습니다. 지석이는 짧은바늘만 잘못 보고 9시 10분 전이라고 하고, 현정이는 긴바늘만 잘못 보고 7시 10분이라고 하였습니다. 두 사람이 본 시계가 나타내는 시각은 몇 시 몇 분입니까?

2. ㉠, ㉡, ㉢의 합을 구하시오.

- 20을 5씩 묶으면 15는 20의 $\frac{㉠}{4}$입니다.
- 18을 2씩 묶으면 8은 18의 $\frac{4}{㉡}$입니다.
- 24를 4씩 묶으면 20은 24의 $\frac{㉢}{6}$입니다.

3. 다음은 행복초등학교 2학년 2반 학생들이 좋아하는 동물을 조사하여 나타낸 표입니다. 고양이를 좋아하는 학생이 호랑이를 좋아하는 학생보다 4명 더 많을 때 고양이를 좋아하는 학생은 몇 명인지 쓰시오.

동물	개	호랑이	고양이	햄스터	합계
학생 수(명)	14			2	28

4. 혜선이는 5월 20일에 공원에 다녀왔습니다. 5월 20일로부터 3주 후에 놀이 동산에 다녀왔고, 그로부터 이틀 뒤에 서점에 다녀왔습니다. 혜선이가 서점에 다녀온 날은 몇 월 며칠인지 쓰시오. (5월은 31일까지 있습니다.)

5. 표를 보고 세로 한 칸이 1명을 나타내는 그래프의 세로에 학생 수를 나타낸다면 세로 칸 수는 적어도 몇 칸으로 해야 하는지 쓰시오.

〈좋아하는 계절별 학생 수〉

계절	봄	여름	가을	겨울	합계
학생 수(명)	5	11	4	12	32

6. 다음 곱셈표를 보고 잘못된 곳은 몇 군데인지 찾아 쓰시오.

×	5	6	7	8	9
5	25	30	33	40	45
6	30	36	42	48	56
7	41	42	49	56	63
8	40	48	56	64	72
9	45	54	63	75	81

1. 주영이네 가족은 3년마다 친척들과 다 함께 가족여행을 갑니다. 2016년 여행을 갔다면 2035년 이후에 처음 가족여행을 가는 연도는 언제인지 쓰시오.

2. 지영이는 2권씩 묶여 있는 공책을 2묶음, 현철이는 지영이가 가진 공책의 5배만큼 가지고 있습니다. 지영이와 현철이가 가지고 있는 공책은 모두 몇 권입니까?

3. 10월 달력의 일부분입니다. 매주 수요일과 금요일에 도서관에 간다면 10월에 도서관에 가는 날은 모두 며칠인지 쓰시오. (10월은 31일까지 있습니다.)

일	월	화	수	목	금	토
		1	2	3	4	5
	7					

4. 5의 단부터 9의 단까지의 곱셈구구에서 곱이 39보다 큰 경우는 모두 몇 가지인지 쓰시오.

5. 소희가 양팔을 벌린 길이는 125 cm 정도이고, 어머니가 양팔을 벌린 길이는 140 cm 정도입니다. 공장에서 본 냉장고의 높이는 소희가 양팔을 벌린 길이와 어머니가 양팔을 벌린 길이를 더한 것에 어머니의 양팔을 벌린 길이의 절반을 더 더한 것과 비슷합니다. 공장에서 본 냉장고의 높이는 약 몇 m 몇 cm인지 쓰시오.

6. 보기 에서 설명하는 수를 구하고, 풀이 과정과 함께 쓰시오.

┤ 보기 ├

- 8의 단 곱셈구구에 나오는 두 자리 수입니다.
- 7×7보다 큽니다.
- 10개씩 묶음이 7개인 수보다 작은 수입니다.
- 십의 자리 수와 일의 자리 수의 합이 10입니다.

자기주도 학습

◇ 자기주도 학습 체크리스트에 공부 계획을 세워 보세요.
◇ 강의를 듣기 전에 먼저 스스로 생각하며 풀어 보세요.
◇ 선생님의 친절한 강의를 들을 때는 질문에 대답해 가며 강의에 참여하세요.

◇ 강의를 듣는 데는 30분이면 충분해요.
◇ 공부를 마치고 확인란에 체크해 주세요.
◇ 계획을 잘 실천한 자신을 칭찬해 주세요.

영상	단원	제목	계획일	확인	영상	단원	제목	계획일	확인
11	수학비밀 01	밀어라 밀어			26	수학비밀 16	빙글빙글 딱지(1)		
	수학비밀 02	뒤집어라 뒤집어			27	수학비밀 16	빙글빙글 딱지(2)		
12	수학비밀 03	어떤 수가 들어갈까?(1)			28	수학비밀 17	액자 만들기		
13	수학비밀 03	어떤 수가 들어갈까?(2)			29	수학비밀 18	좌석 배치도		
14	수학비밀 04	도형관계 찾기			30	수학비밀 19	벽화 완성하기		
15	수학비밀 05	선물 알아맞히기			31	수학비밀 20	퍼즐 조각 연결하기		
16	수학비밀 06	주차의 달인			32	수학비밀 21	진짜 왕관을 찾아요		
17	수학비밀 07	똑같은 모양으로 나누기			33	수학비밀 22	정원 만들기		
18	수학비밀 08	아기 공룡들의 간식 시간			34	수학비밀 23	공통점을 찾아라		
19	수학비밀 09	합이 일정한 퍼즐(마방진)			35	수학비밀 24	기준을 세워라		
20	수학비밀 10	수 퍼즐			36	수학비밀 25	과일을 골라라		
21	수학비밀 11	수도관 공사			37	수학비밀 26	길을 찾아라		
22	수학비밀 12	동전 모으기			38	수학비밀 27	곱셈은 덧셈에서		
23	수학비밀 13	암호 숫자 카드			39	수학비밀 28	네이피어 막대		
24	수학비밀 14	덧셈 주사위 놀이			40	수학비밀 29	신호등 수		
25	수학비밀 15	벌들의 외출							

와이즈만
영재탐험 수학

수학 비밀 **1** 밀어라 밀어

흩어진 글자들이  문으로 들어가자 문이 큰 소리로 말했어요.
"이 문으로 들어오면 내가 말하는 곳으로 밀어야 해!"

1. 흩어진 글자들은 어디로 움직여야 할까요? 문의 말풍선을 읽고, 옮겨질 곳에 색칠해
   보세요. 또, 흩어진 글자들이 이동하면 어떤 단어가 될지 알아맞혀 보세요.

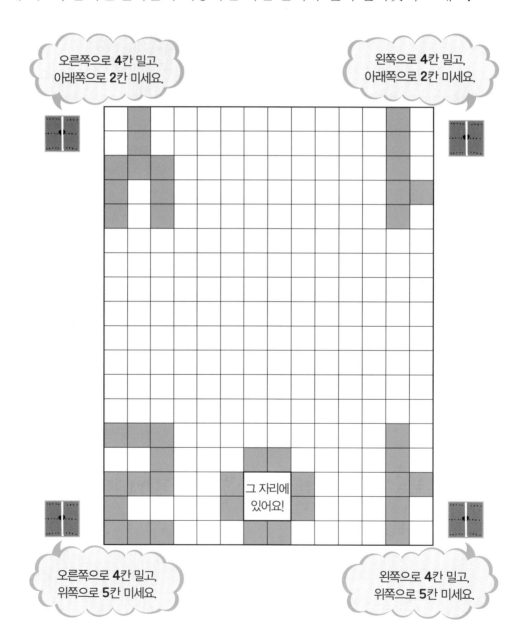

오른쪽으로 **4**칸 밀고,
아래쪽으로 **2**칸 미세요.

왼쪽으로 **4**칸 밀고,
아래쪽으로 **2**칸 미세요.

그 자리에
있어요!

오른쪽으로 **4**칸 밀고,
위쪽으로 **5**칸 미세요.

왼쪽으로 **4**칸 밀고,
위쪽으로 **5**칸 미세요.

"이 문 안에는 어떤 일이 벌어질까?"

창의는 조심스럽게 🔴 문을 열고 들어갔습니다.

"으흐~ 내가 이상해졌어. 눈이 세 개가 되어 버렸네."

여기저기 놓인 거울로 달라진 모습을 보며 창의가 말했어요.

1. 거울은 창의의 어디를 비추었을까요? 거울이 놓인 위치를 곧은 선으로 그어 보세요.

(1)

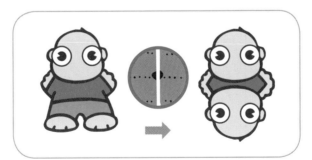

(2)

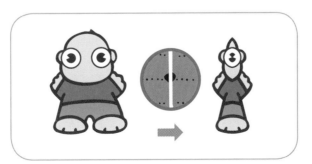

2. 숫자 9가 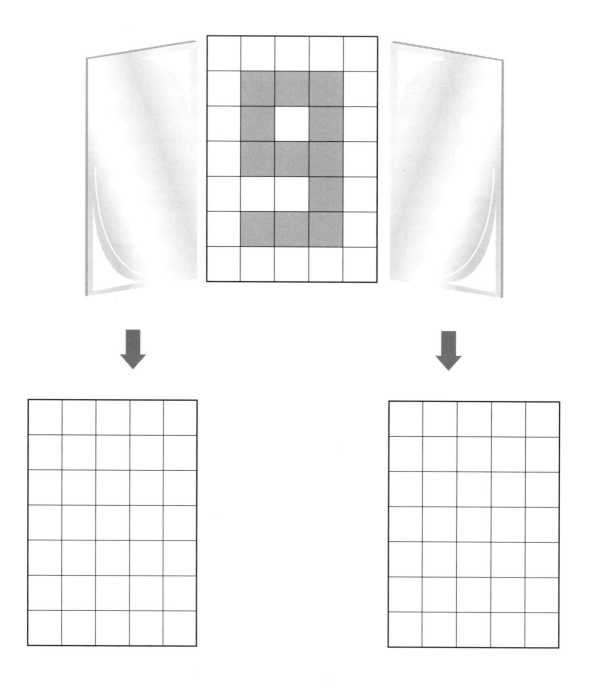 문 안으로 들어가면 어떻게 바뀔까요? 거울이 놓인 곳에 따라 달라질 숫자 9의 모습을 생각하여 거울 아래 빈칸에 색칠해 보세요.

3. 반쪽을 자른 색종이가 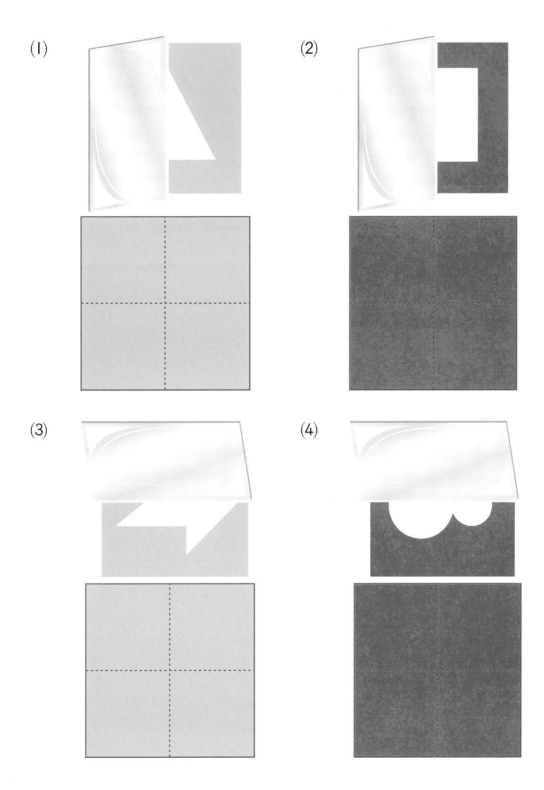 문으로 들어갔습니다. 어떤 모양으로 바뀔까요? 아래 색종이 위에 바뀔 모양을 그려 보세요.

(1)

(2)

(3)

(4)

준비물 색종이, 가위, 풀

4. 다음 그림은 반쪽을 자른 색종이가 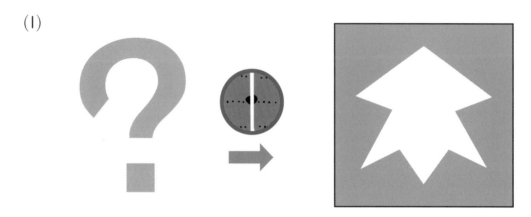 문을 통과하고 난 후의 모양입니다. 색종이가 이 문을 통과하기 전에는 어떤 모양이었을까요? 처음 모양을 색종이로 만들어 빈 칸에 붙여 보세요.

(1)

(2)

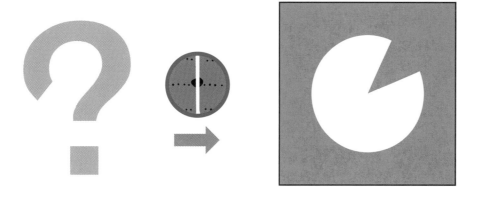

수학 비밀 3 어떤 수가 들어갈까?

1. ⬜ 안에 알맞은 수를 쓰세요.

(1)

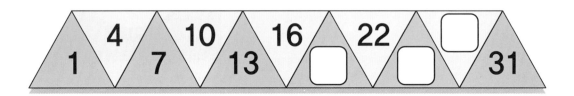

(2)

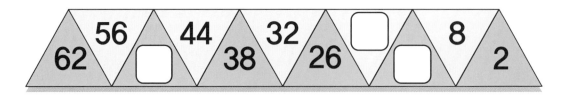

(3)

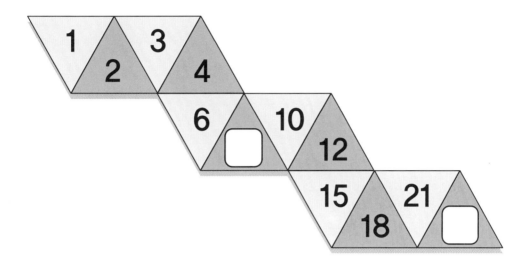

(4)

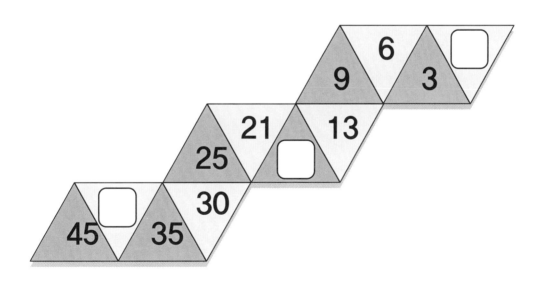

(5)

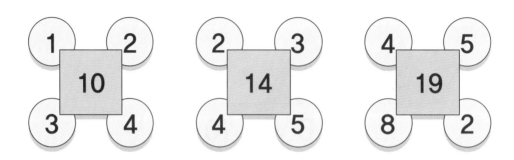

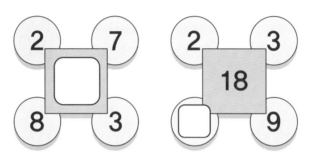

(6)

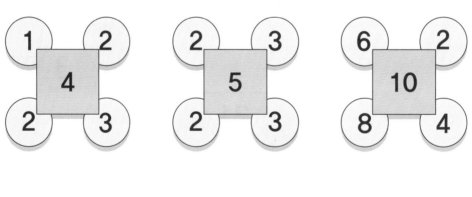

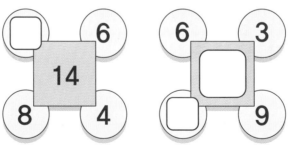

(7)

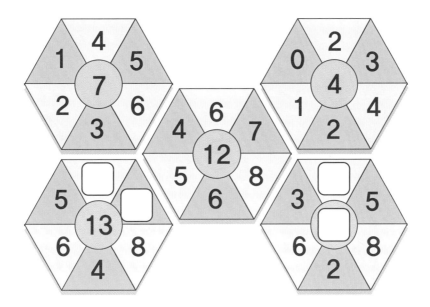

(8)

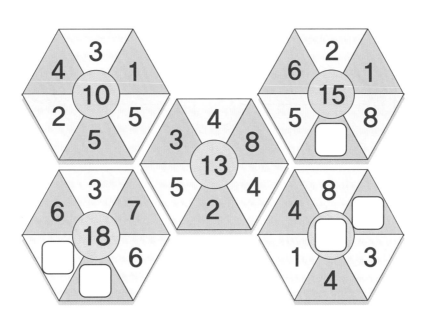

2. 이번에는 조금 다른 수 규칙을 찾아볼게요.

(1) 각 동그라미 안에는 숫자가 하나씩 있습니다. ☐ 안에 알맞은 숫자를 쓰고, ☐ 안에 이유를 써 보세요.

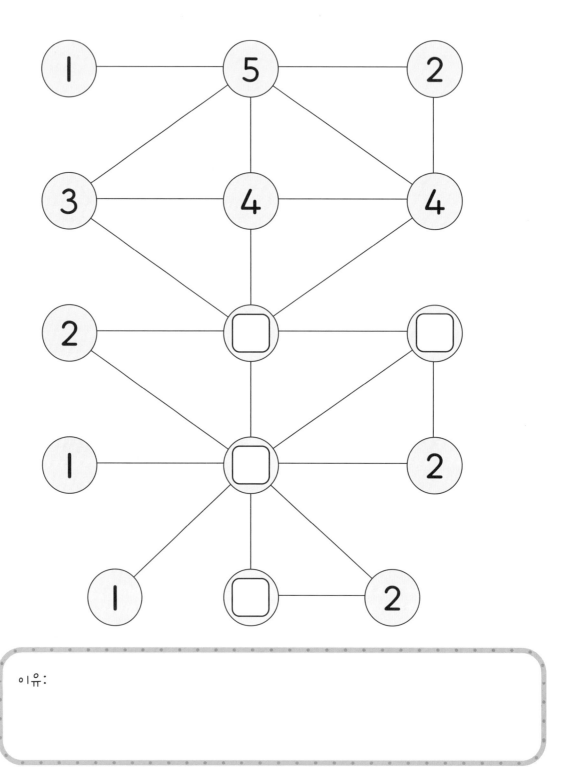

이유:

(2) 각 영역에는 숫자가 하나씩 있습니다. ⬭ 안에 알맞은 숫자를 쓰고, ☐ 안에
이유를 써 보세요.

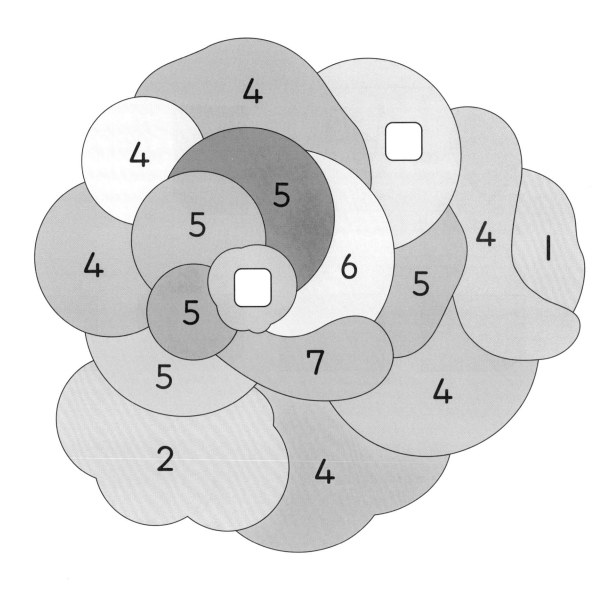

이유:

수학비밀 4 도형 관계 찾기

의 관계를 보고 에 올 수 있는 도형을 찾아 알맞은 번호를 써넣으세요.

1.

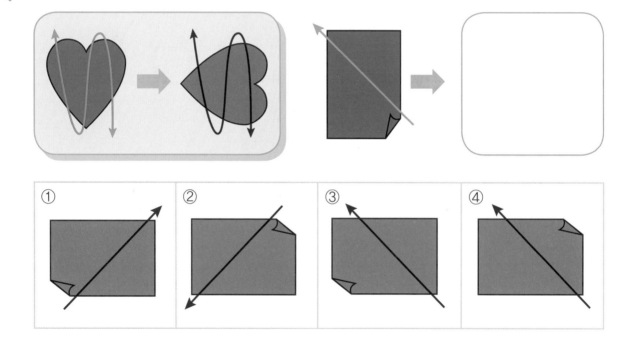

2.

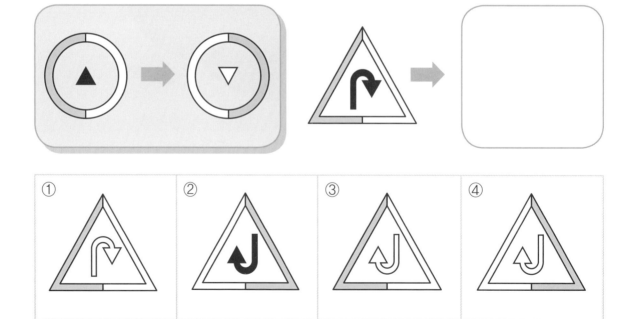

3.

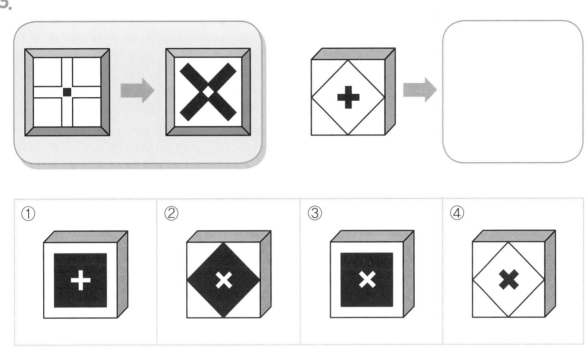

4.

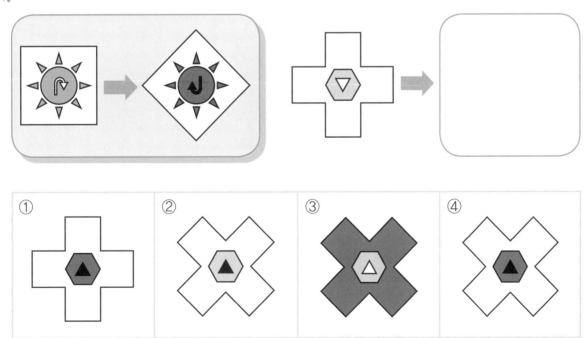

5.

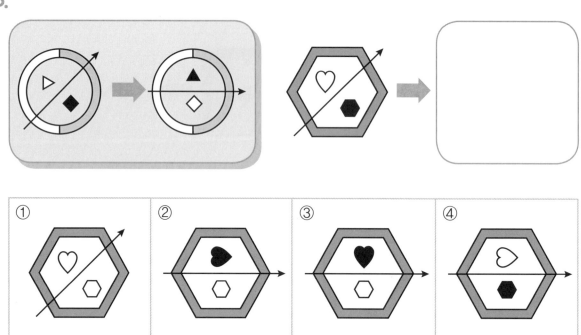

6.

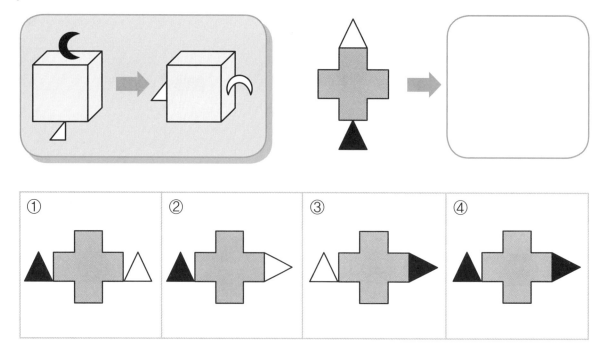

7.

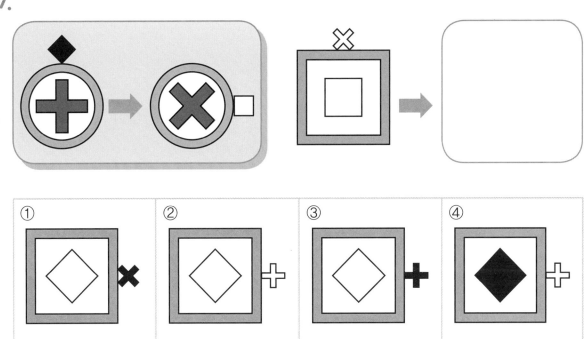

8.

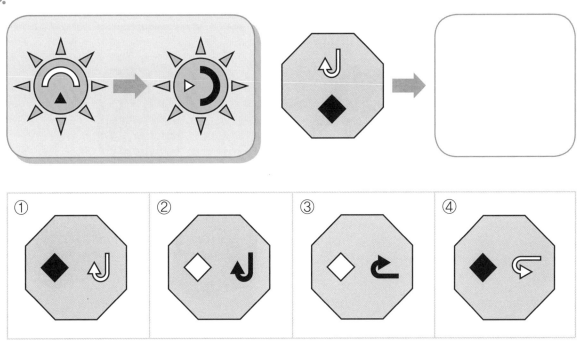

수학비밀 5 선물 알아맞히기

창조 어머니께서 선물 상자 3개를 들고 오셨어요.

"창조야, 네가 갖고 싶어하던 4개의 티셔츠 중에서 3개를 선물로 골랐단다.

어느 상자에 어떤 티셔츠가 들어 있는지 알아맞힐 수 있겠니?"

"으흠... 그거 재미있겠는걸요..."

● 창조가 갖고 싶어하던 4개의 티셔츠 ●

● 3개의 티셔츠 선물이 담긴 상자

어느 상자에 어떤 티셔츠가 담겨 있는지 (보기) 와 같이 추리하여 점수를 줍니다.
이렇게 받은 점수를 **추리 점수**라고 합니다. 추리 점수는 다음과 같습니다.

☑ 옷이 담긴 선물 상자와 선택한 티셔츠가 바르게 짝지어진 경우   10점

☑ 선택한 티셔츠가 상자에 담겨 있지만, 그 옷이 담긴 선물 상자와 짝지어지지 않은 경우   1점

☑ 선택한 티셔츠가 어느 상자에도 담겨 있지 않는 경우   0점

🌸 추리 1에서 △ ○ ✕ 가 의미하는 것이 무엇인지 써 보세요.

1. 탐구가 '선물 알아맞히기'에 도전했습니다. 선물 상자와 티셔츠는 ☐ 안과 같습니다.
탐구가 짐작하여 추리 1과 추리 2처럼 대답하였습니다.

상자 속을 본 창조는 탐구의 추리에 몇 점을 주어야 할까요? 창조가 주어야 하는 점수를
( ) 안에 써넣으세요.

(1)

(2)

	ㄱ	ㄴ	ㄷ
선물 상자			
티셔츠	②	④	①

추리 1	추리 점수
	( )점

추리 2	추리 점수
	( )점

추리 3	추리 점수
	( )점

추리 4	추리 점수
	( )점

2. 추리 점수를 보고 선물 상자와 티셔츠를 알맞게 짝지어 선을 그어 보세요.

(1)

🌼 추리 2에서 잘못 고른 티셔츠는 무엇인가요? 그 이유를 써 보세요.

(2)

추리 1		추리 점수
		(3)점

추리 2		추리 점수
		(12)점

추리 3		추리 점수
		(11)점

추리 4		추리 점수
		(12)점

선물 상자

티셔츠

수학비밀 6 주차의 달인

준비물 부록 (자동차 붙임 딱지)

1. 자동차들이 ☐ 안에 있는 조건에 맞게 주차되어 있습니다. 조건을 잘 읽고, **보기** 와 같이 빈칸에 알맞은 자동차 붙임 딱지를 붙여 보세요.

- 택시는 ⓛ에 주차되어 있습니다.
- 버스는 택시와 붙어 있지 않습니다.
- 지프차는 택시 왼쪽에 주차되어 있습니다.

(1)

- 지프차는 택시의 바로 오른쪽에 주차되어 있습니다.
- 택시는 가장자리에 주차되어 있습니다.
- 경주용 차는 택시의 오른쪽에 주차되어 있습니다.
- 지프차와 경주용 차 사이에 버스가 주차되어 있습니다.

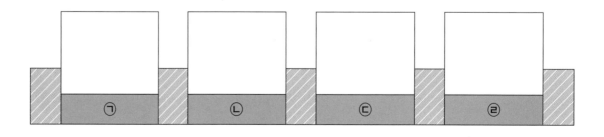

(2)

①  ②  ③  ④

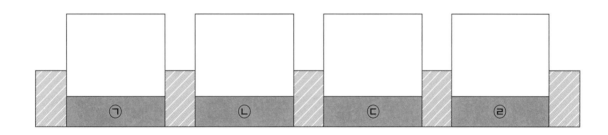

- 굴삭기는 ㉣에 주차되어 있습니다.
- 자가용은 굴삭기 바로 옆에 주차되어 있지 않습니다.
- 지프차는 가장자리에 주차되어 있습니다.

| ㉠ | ㉡ | ㉢ | ㉣ |

(3)

① ②  ③  ④

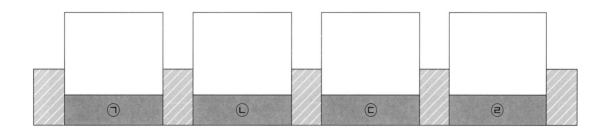

- 버스와 택시 사이에는 한 대의 차가 주차되어 있습니다.
- 택시의 바로 오른쪽에 오토바이가 주차되어 있습니다.
- 자가용은 오른쪽 가장자리에 주차되어 있습니다.

| ㉠ | ㉡ | ㉢ | ㉣ |

(4)

① 　② 　③ 　④

- 트럭은 버스 바로 옆에 주차되어 있지 않습니다.
- 택시의 오른쪽 바로 옆에는 트럭이 주차되어 있습니다.
- 버스와 굴삭기 사이에는 두 대의 차가 주차되어 있습니다.

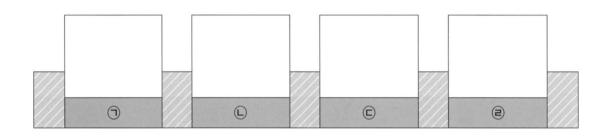

㉠　㉡　㉢　㉣

(5)

① 　② 　③ 　④

- 오토바이 오른쪽 바로 옆에는 택시가 주차되어 있습니다.
- 지프차와 자가용은 붙어 있지 않습니다.
- 지프차 왼쪽 바로 옆에는 택시가 주차되어 있습니다.

㉠　㉡　㉢　㉣

2. 조금 더 복잡한 주차 문제를 해결해 봅시다.

(1)

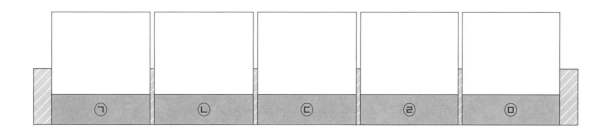

- 굴삭기는 가운데에 있습니다.
- 트럭과 굴삭기 사이에 한 대의 차가 있습니다.
- 택시는 굴삭기 오른쪽에 있습니다.
- 트럭은 택시의 오른쪽에 있습니다.
- 오토바이와 택시 사이에는 두 대의 차가 있습니다.

(2)

- 버스는 가장자리에 주차되어 있지 않습니다.
- 트럭은 가장자리에 주차되어 있지 않고, 버스 바로 옆에도 주차되어 있지 않습니다.
- 오토바이는 버스의 바로 오른쪽에 주차되어 있습니다.
- 택시는 트럭의 바로 왼쪽에 주차되어 있습니다.

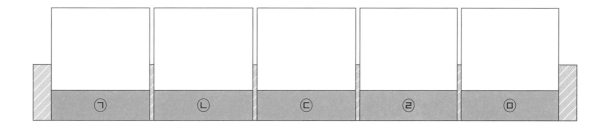

수학 비밀 7 똑같은 모양으로 나누기

1. 사자와 너구리가 한 우리에 살고 있습니다. 너구리는 무서운 사자를 피해 이리저리 몸을 숨깁니다. 너구리가 편히 지낼 수 있도록 사자와 같이 있지 않게 모양과 크기가 같은 두 개의 우리로 나누어 보세요. 어떻게 나누면 될까요? 시작점에서부터 점선을 따라 선을 그어 보세요.

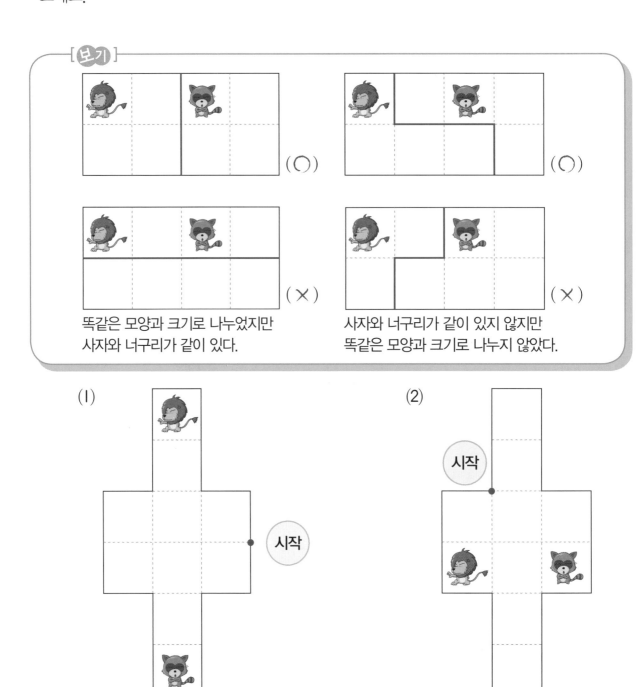

[보기]

(○)

(○)

(×)
똑같은 모양과 크기로 나누었지만
사자와 너구리가 같이 있다.

(×)
사자와 너구리가 같이 있지 않지만
똑같은 모양과 크기로 나누지 않았다.

(1) 시작

(2) 시작

(3) 시작

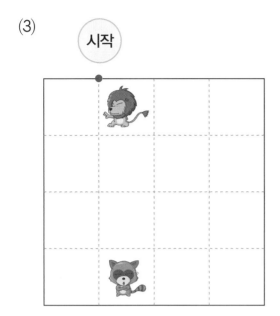

(4)

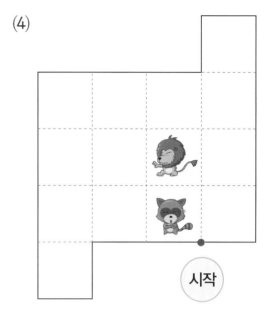

시작

(5)

시작

(6) 시작

2. 이제 시작점이 없는 문제를 해결해 봅시다. 서로 다른 방법을 되도록 많이 찾아보세요.

(1)

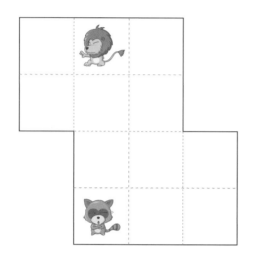

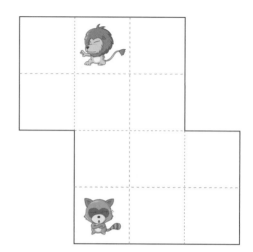

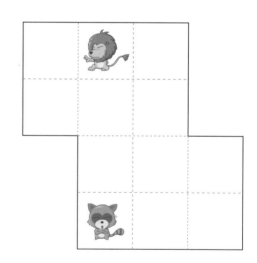

(2)

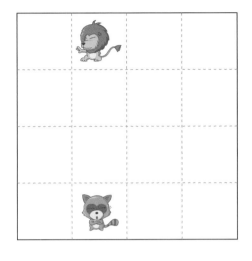

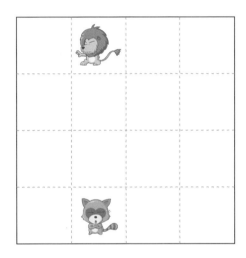

수학 비밀 8 아기 공룡들의 간식 시간

준비물 부록 (공룡 붙임 딱지)

아기 공룡들이 살고 있는 마을에는 파란색 가로선이 있는 1, 2, 3, 4 4가지의 미로 블록이 있습니다.

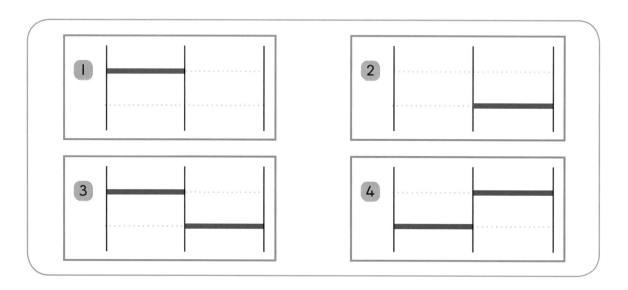

미로 블록의 길을 가는 규칙 은 다음과 같습니다.

규칙

❶ 검은 세로선을 따라 먼저 아래로 내려갑니다.

❷ 내려가다가 파란색 가로선을 만나면 가로선을 따라갑니다.

❸ 파란선을 따라가다 검은 세로선을 만나면 다시 아래로 내려갑니다.

❹ 이때, 점선은 길이 아니므로 가지 않습니다.

(예) 1

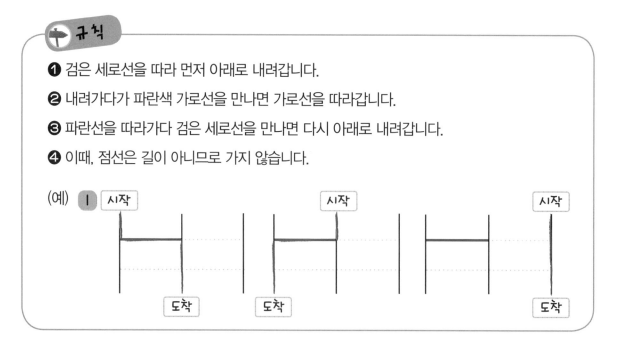

1. 아기 공룡들이 지나간 미로 블록을 보고, 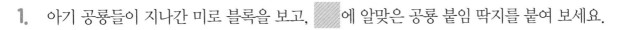에 알맞은 공룡 붙임 딱지를 붙여 보세요.

(1)

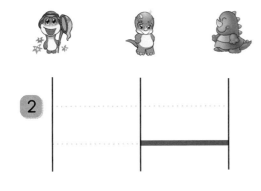

(2)

2. 아기 공룡들이 지나간 미로 블록을 그리고, 번호를 □에 써넣으세요.

(1)

(2)

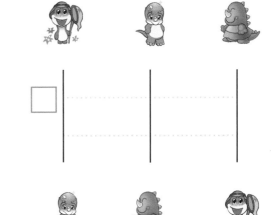

3. 아기 공룡들이 주어진 2개의 미로 블록을 지나면 맛있는 간식을 먹을 수 있습니다. 아기 공룡들은 각각 어떤 간식을 먹을 수 있을까요? 미로 블록을 그리고, 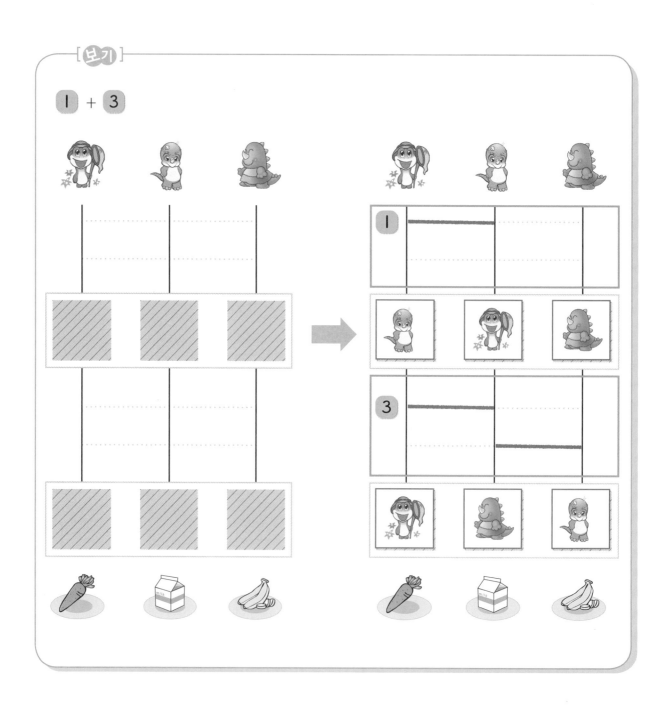 에 알맞은 공룡 붙임 딱지를 붙여 보세요.

(1) 2 + 3

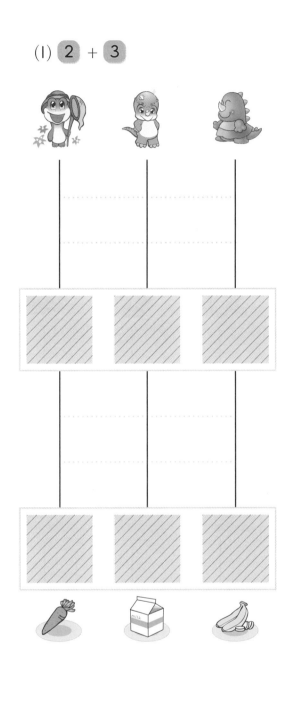

(2) 4 + 1

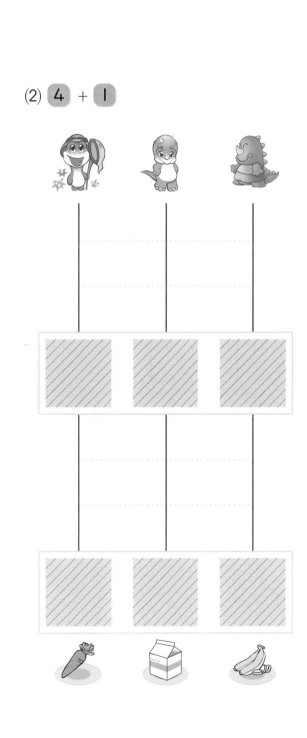

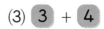
(3) 3 + 4

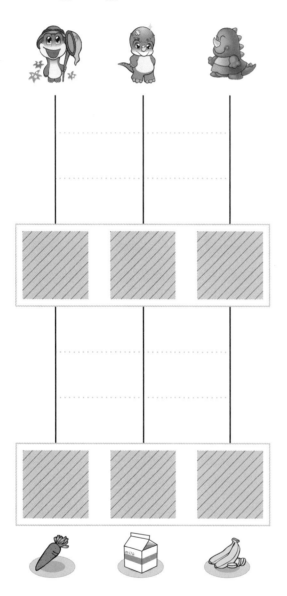

(4) 4 + 4

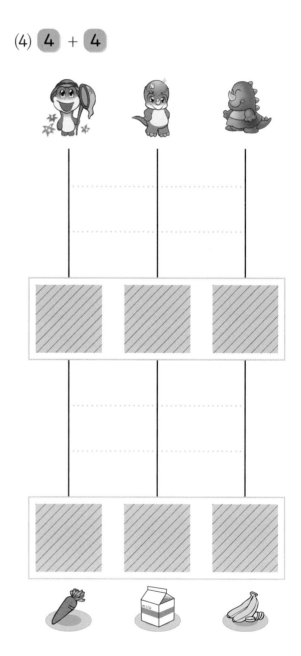

4. 이번에는 아기 공룡들이 있는 위치를 보고 어떤 미로 블록을 사용했는지 ☐에 써넣고 선을 그어 보세요. 그리고 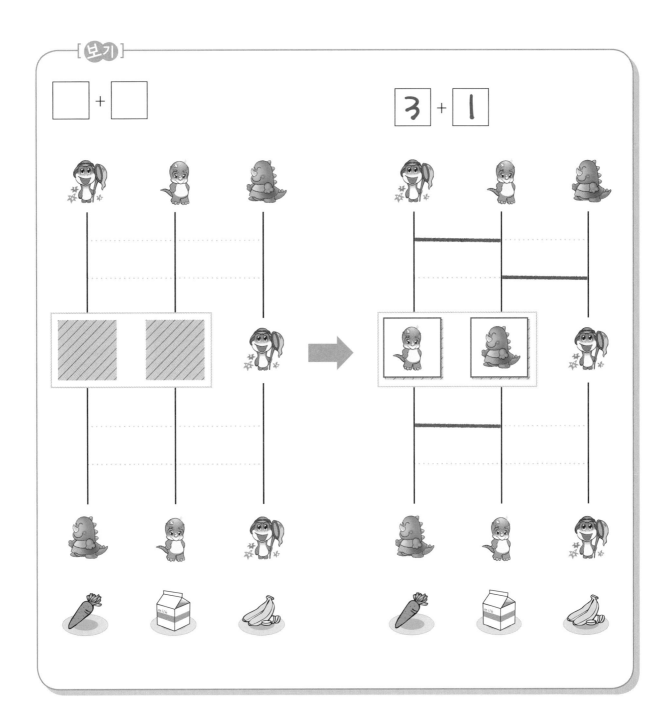에 알맞은 공룡 붙임 딱지를 붙여 보세요.

(1) ☐ + ☐

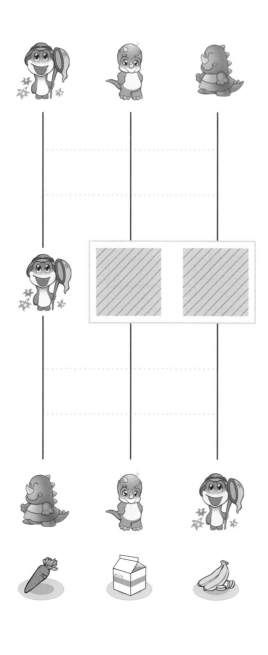

(2) ☐ + ☐

(3)  $+$ □

(4) □ $+$ □

수학비밀 9 합이 일정한 퍼즐 (마방진)

각 줄의 합이 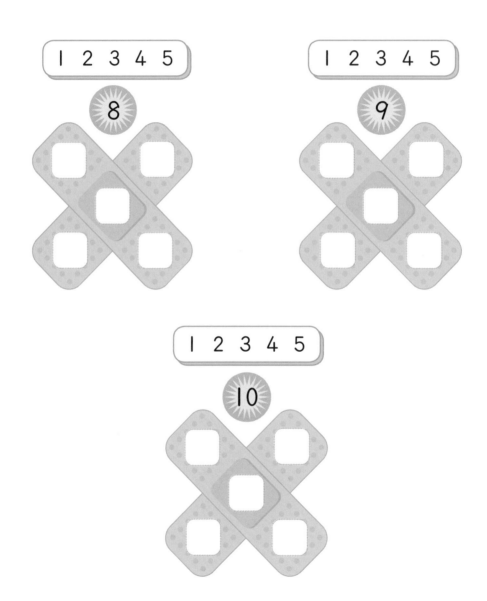 안의 수가 되도록 주어진 숫자들을 한 번씩만 사용하여 ⬜ 안을 채우고, 겹치는 곳의 숫자를 골라 ◯ 표 하세요.

1.

1 2 3 4 5

8

1 2 3 4 5

9

1 2 3 4 5

10

🌻 위의 마방진을 해결하면서 알게 된 점을 써 보세요.

2.

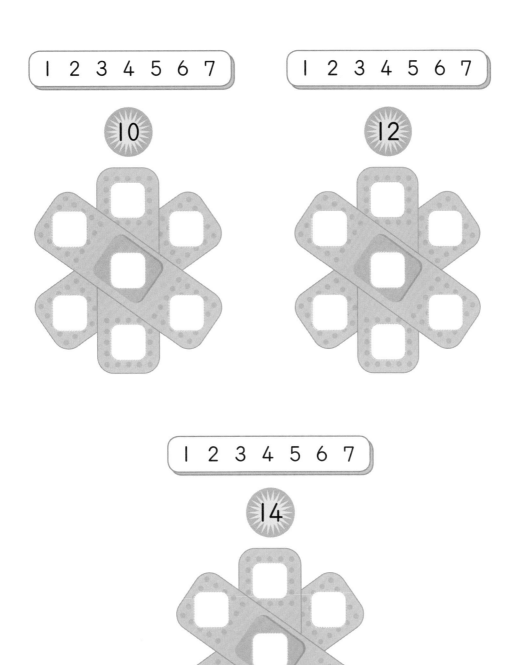

| 1 | 2 | 3 | 4 | 5 | 6 | 7 |

10

| 1 | 2 | 3 | 4 | 5 | 6 | 7 |

12

| 1 | 2 | 3 | 4 | 5 | 6 | 7 |

14

3.

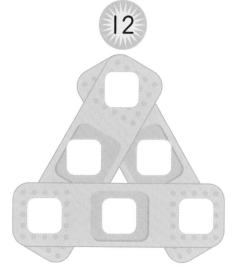

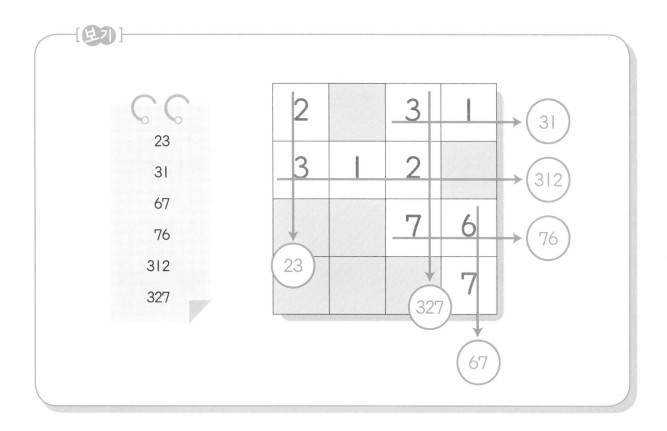

수학비밀 10 수 퍼즐

보기 와 같이 왼쪽 ⬜ 안에 주어진 수들을 모두 사용하여 흰색 빈칸을 모두 채워 보세요.
(단, 수를 읽을 때는 왼쪽에서 오른쪽으로, 위에서 아래로만 읽을 수 있습니다.)

보기

23
31
67
76
312
327

1.

13
26
29
43
253
326

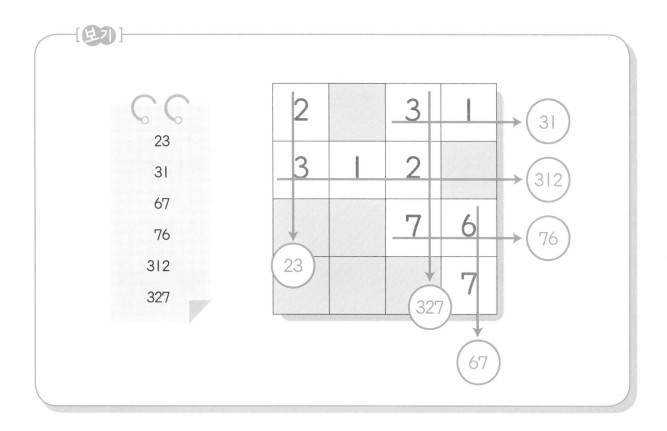

2.

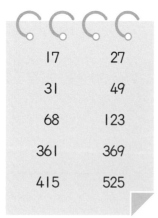

17	27
31	49
68	123
361	369
415	525

2				
		5		

3.

19	24
35	45
64	76
175	327
564	579
782	

5				

4.

12	24
39	58
234	256
312	527
678	739
919	

1				

5.

25	29
34	39
53	62
78	86
137	278
612	674
812	

7				

수학 비밀 11 · 수도관 공사

[보기]

설계도

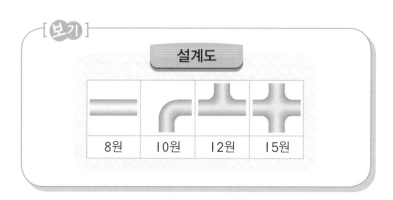

8원	10원	12원	15원

(1)

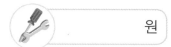

원

(2)

원

(3)

원

(4)

원

2. 두 집에 수도관을 연결하려 합니다. 친구들이 각자 알맞다고 생각하는 수도관의 모양을 말했어요. 누구의 생각이 가장 좋을까요? 가장 좋다고 생각되는 친구의 이름에 ◯표 하고, 추가 비용과 총공사 비용을 쓰세요.

(단, 한 집에는 수도관 하나만 연결되어야 하고, 주어진 수도관이 모두 연결되어 다른 곳으로 새면 안됩니다.)

[보기]

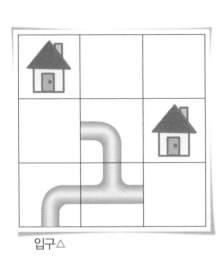

입구△

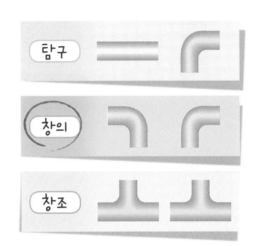

사용된 비용	추가 비용	총공사 비용
32 원	20 원	52 원

– 탐구처럼 일직선으로 된 수도관을 사용하면 물이 샌다.

– 창조의 생각대로라면 연결은 되지만 비용이 창의보다 비싸다.

(1)

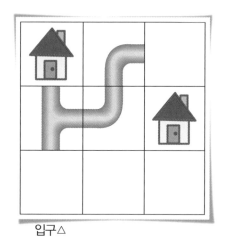

입구△

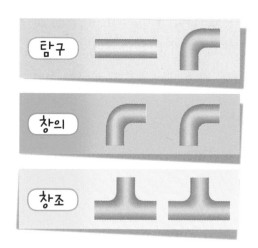

사용된 비용	추가 비용	총공사 비용
32 원	원	원

(2)

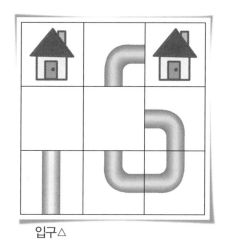

입구△

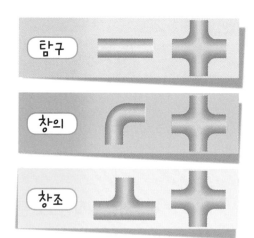

사용된 비용	추가 비용	총공사 비용
48 원	원	원

3. 어떤 친구의 생각이 가장 좋은지 고르고, 그 이유를 써 보세요.

(1)

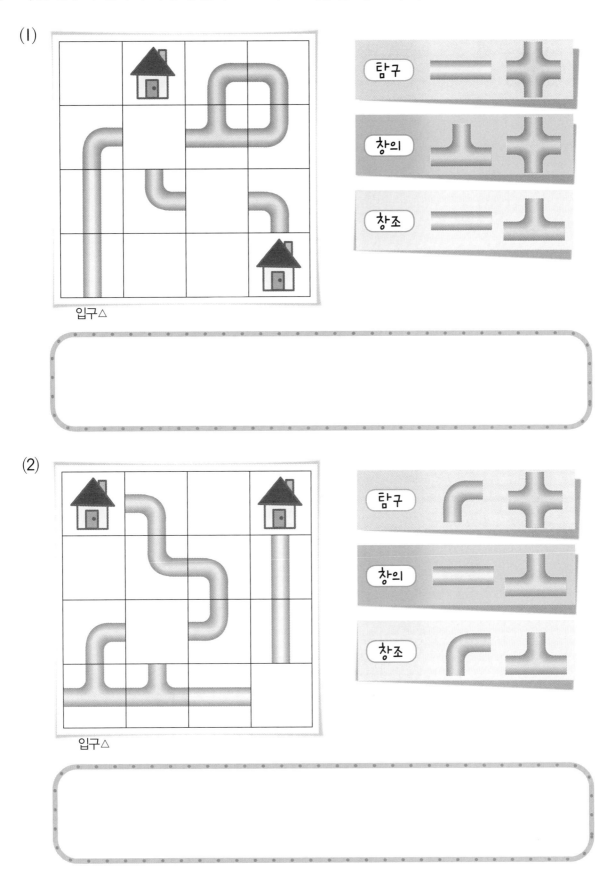

입구△

(2)

입구△

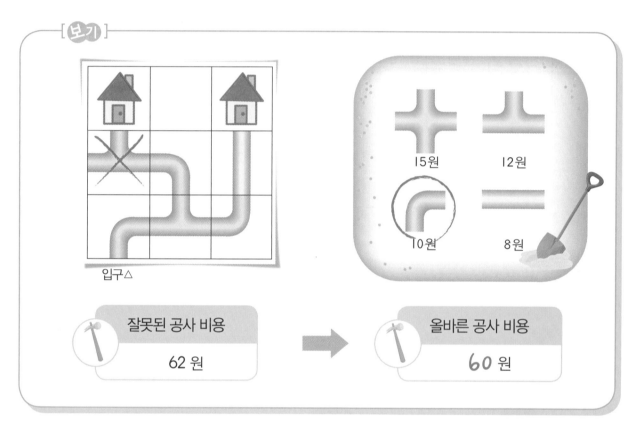

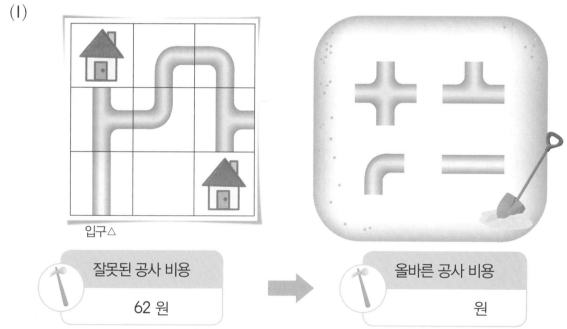

4. 집이 없는 곳으로 수도관이 연결되어 물이 새고 있습니다. 수도관 설계도와 공사 비용을 잘 보고, 잘못된 수도관을 모두 찾아 ✕ 표하고, 교체할 수도관에는 ◯ 표 하세요. 그리고 그 때 공사 비용을 다시 계산해 보세요. (수도관의 교체는 1개 또는 2개만 할 수 있습니다.)

(2)

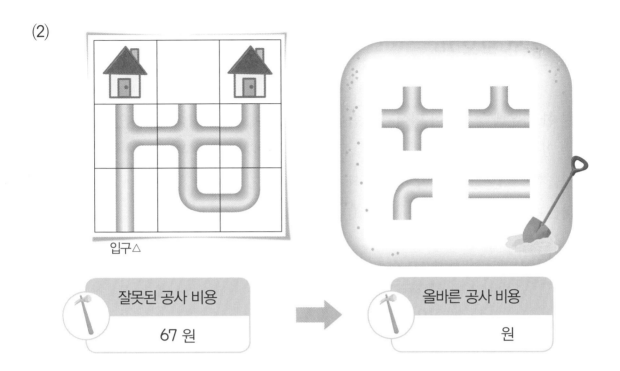

입구△

잘못된 공사 비용	→	올바른 공사 비용
67 원		원

(3)

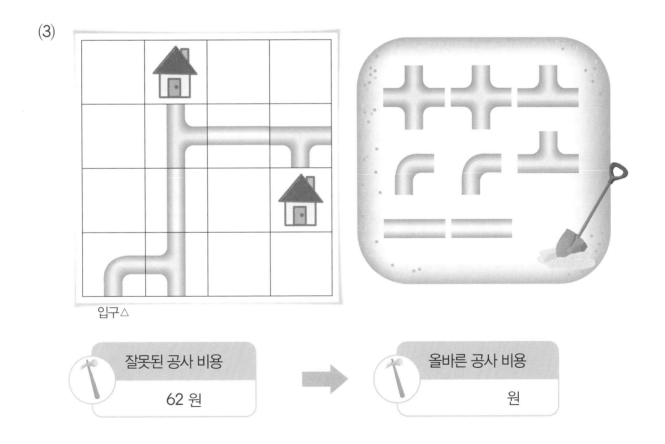

입구△

잘못된 공사 비용	→	올바른 공사 비용
62 원		원

수학 비밀 12 동전 모으기

1. 길 한 가운데 동전들이 떨어져 있습니다. 모퉁이에 서 있을 때 볼 수 있는 동전만 가져올 수 있습니다. 만약 가져올 수 있는 동전을 모두 가져온다면 누가 가장 많은 돈을 가질 수 있을까요? **보기** 와 같이 각자의 돼지 저금통에 가져올 수 있는 최대 금액을 쓰고 가장 많은 돈을 가질 수 있는 친구에게 ◯ 표 하세요.

(1)

(2)

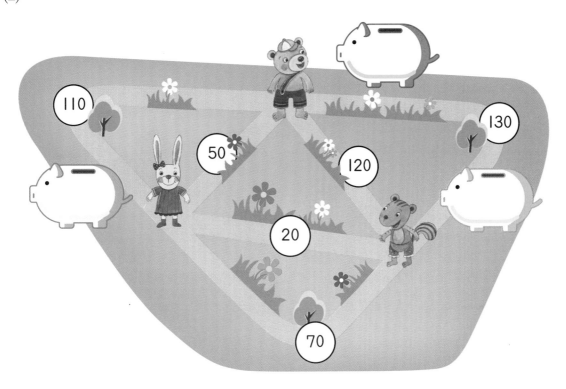

(3)

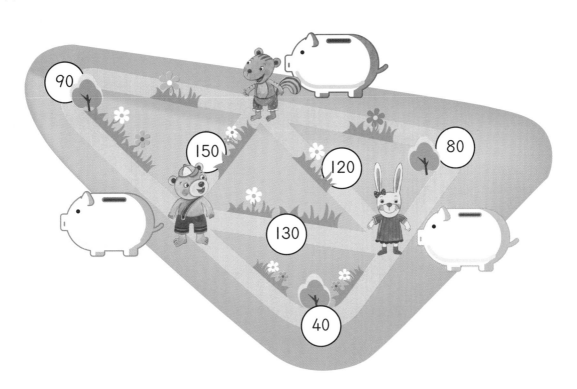

2. 4마리의 동물이 있을 때 **1**번과 같은 방법으로 문제를 해결해 보세요.

(1)

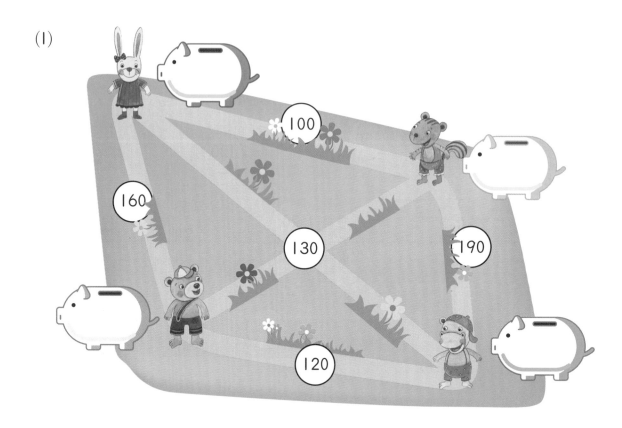

(2)

수학비밀 13 암호 숫자 카드

준비물 부록 (암호 카드, 숫자 카드)

1. 이번에는 같은 모양의 동그라미가 그려진 암호 카드가 있어요. 아래와 같은 방법으로 수를 만들고, 셈해 봅시다.

[암호 카드]

[숫자 카드]

①			②
4	9	2	6
8	2	3	5
3	7	6	9
1	5	8	7
④			③

암호 카드 사용 방법

①			②
④	9	2	6
8	2	③	5
3	7	6	⑨
1	⑤	8	7
④			③

❶ 암호 카드의 화살표를 ①, ②, ③, ④에 차례로 포개어 봅니다.

❷ ◯◯◯◯ 안의 숫자 4개를 마음대로 조합하여 2개의 두 자리 수를 만듭니다.
34, 35, 39, 43, 45, 49, 53, 54, 59, 93, 94, 95

❸ 만든 2개의 두 자리 수를 서로 더합니다.

(1) ↗와 ②, ↘와 ③, ↙와 ④를 포개서 얻는 4개의 수로 두 자리 수를 만들면 어떤 수들을 만들 수 있을까요? 아래 빈칸에 써 넣으세요.

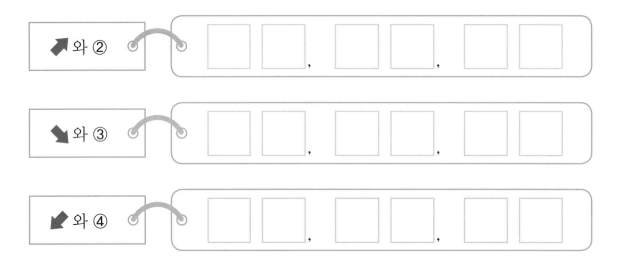

(2) ↗와 ②, ↘와 ③, ↙와 ④를 포개서 나올 수 있는 수들 중에서 두 개를 골라 서로 더해 보세요. (단, 4개의 수를 모두 사용해야 합니다.)

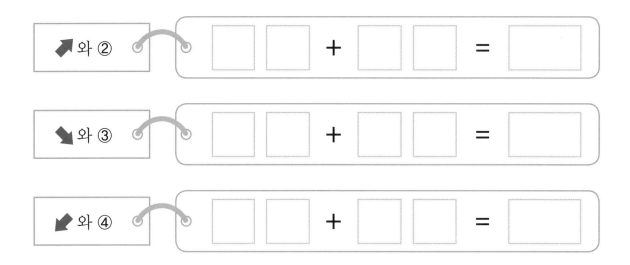

2. 새로운 암호 카드와 숫자 카드를 가지고, 다음 물음에 알맞은 답을 구해 보세요.

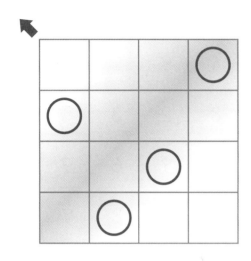

(1) ◤와 ①을 겹쳤을 때 나오는 4개의 숫자로 만들 수 있는 가장 큰 세 자리 수와 남은 수의 합을 구하세요.

☐☐☐ + ☐ = ☐

(2) ◥와 ②를 겹쳤을 때 4개의 숫자로 만들 수 있는 가장 작은 세 자리 수와 남은 수의 차를 구하세요.

☐☐☐ − ☐ = ☐

(3) ◢와 ③을 겹쳤을 때 나오는 4개의 숫자로 만들 수 있는 두 자리 수 중 가장 큰 수와 가장 작은 수의 차를 구하세요.

☐☐ − ☐☐ = ☐

3. 다른 암호 카드를 가지고, 다음 물음에 알맞은 답을 구해 보세요.

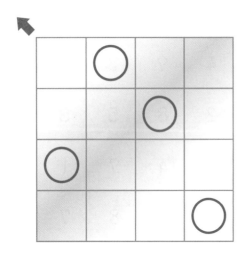

①			②
4	9	2	6
8	2	3	5
3	7	6	9
1	5	8	7
④			③

(1) ◤ 와 ①을 겹쳤을 때 나오는 4개의 숫자로 두 자리 수 2개를 만들어 더한 값이 가장 큰 수가 되도록 빈칸을 채우세요.

(2) ◤ 와 ②를 겹쳤을 때 나오는 4개의 숫자로 만들 수 있는 두 자리 수 중 가장 큰 수와 가장 작은 수의 합을 구하세요.

$$\boxed{}\boxed{} + \boxed{}\boxed{} = \boxed{}$$

(3) ◢ 와 ③을 겹쳤을 때 나오는 4개의 숫자로 만들 수 있는 두 자리 수 중 가장 큰 수와 가장 작은 수의 차를 구하세요.

14 덧셈 주사위 놀이

1. 10개의 주사위에 1부터 60까지의 수가 적혀 있습니다. 10개의 주사위를 동시에 던져서 덧셈식을 만드는 게임입니다. 게임방법을 잘 읽고, 주어진 문제를 해결해 보세요.

(단, 주사위는 한 번씩만 사용할 수 있습니다.)

 게임인원 2~8명

준비물 숫자 주사위 10개, 바둑돌 60개

 게임방법

❶ 주사위를 던지는 순서를 정합니다.

❷ 10개의 주사위를 동시에 던져서 나오는 수로 정해진 시간 안에 덧셈식을 만듭니다.

(덧셈식은 많이 만들수록 좋고, 덧셈식을 만들 때 주사위를 많이 사용할수록 좋습니다.)

❸ 3개의 주사위로 식을 만들면 바둑돌 3개,

4개의 주사위로 식을 만들면 바둑돌 4개,

5개의 주사위로 식을 만들면 바둑돌 5개를 받을 수 있습니다.

예) 주사위를 던져서 다음과 같이 나왔을 때

2+8+42=52

☞ 4개의 주사위로 식을 만들었으므로 바둑돌 4개를 받을 수 있다.

15+40=55

☞ 3개의 주사위로 식을 만들었으므로 바둑돌 3개를 받을 수 있다.

가져갈 바둑돌의 개수
7

(1)

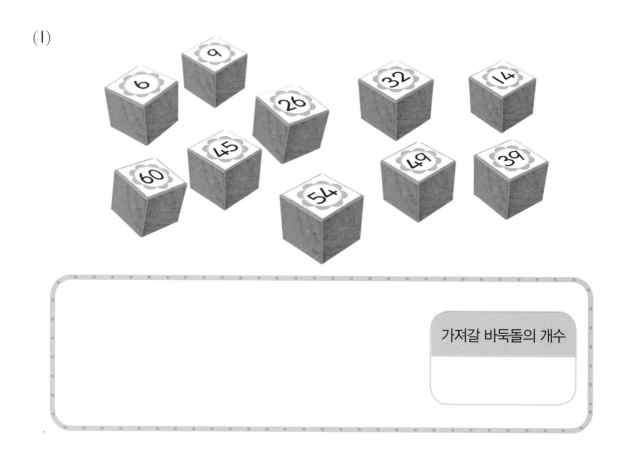

가져갈 바둑돌의 개수

(2)

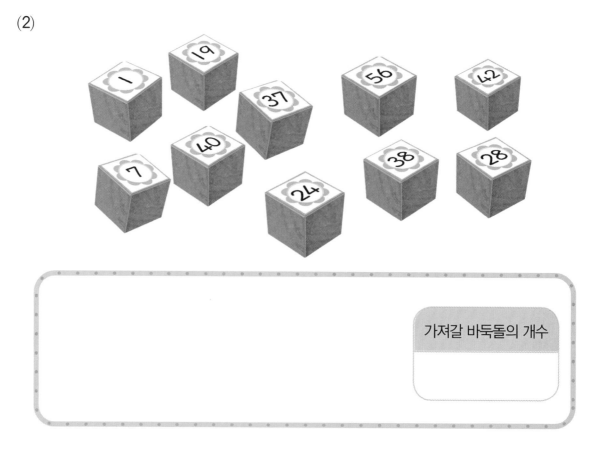

가져갈 바둑돌의 개수

(3)

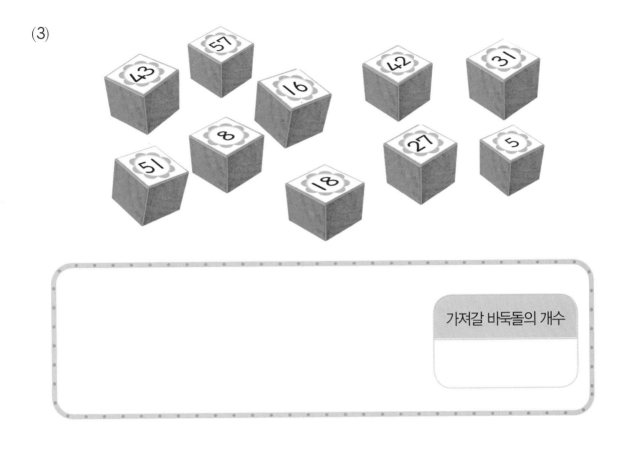

가져갈 바둑돌의 개수

(4)

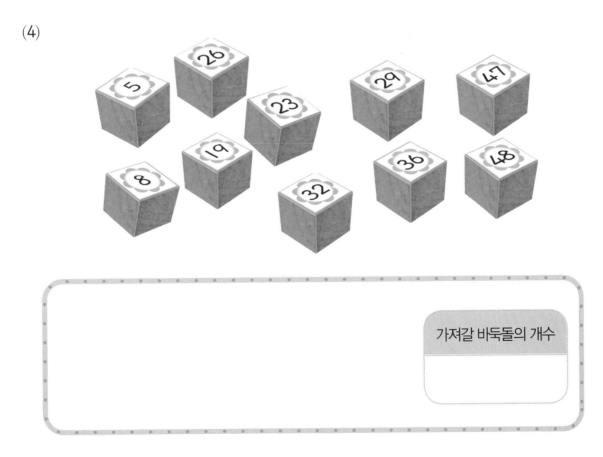

가져갈 바둑돌의 개수

2. 다음 10개의 수를 모두 사용하여 3개의 덧셈식을 만들어 보세요.

(1)

①

②

③

(2)

①

②

③

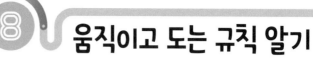

수학 비밀 15 벌들의 외출

1. 벌집에서 꿀벌들이 줄을 지어 나오고 있습니다. 가만히 살펴보니 일정한 규칙을 가지고 나오고 있네요. 마지막 비어 있는 벌집에서 꿀벌들이 나오는 자리를 찾아 파란색으로 색칠하세요.

   (1)

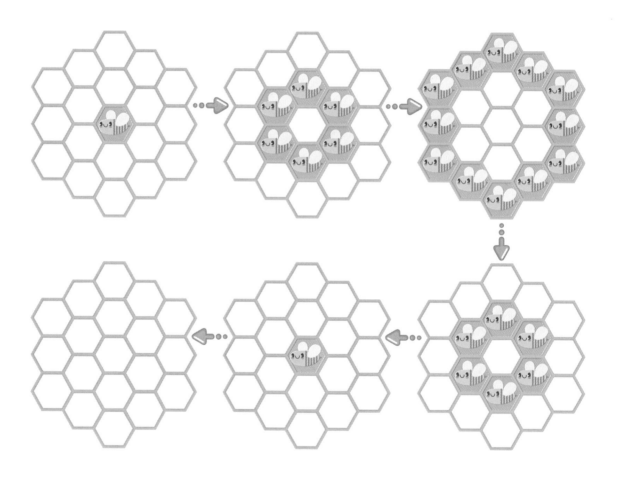

(2)

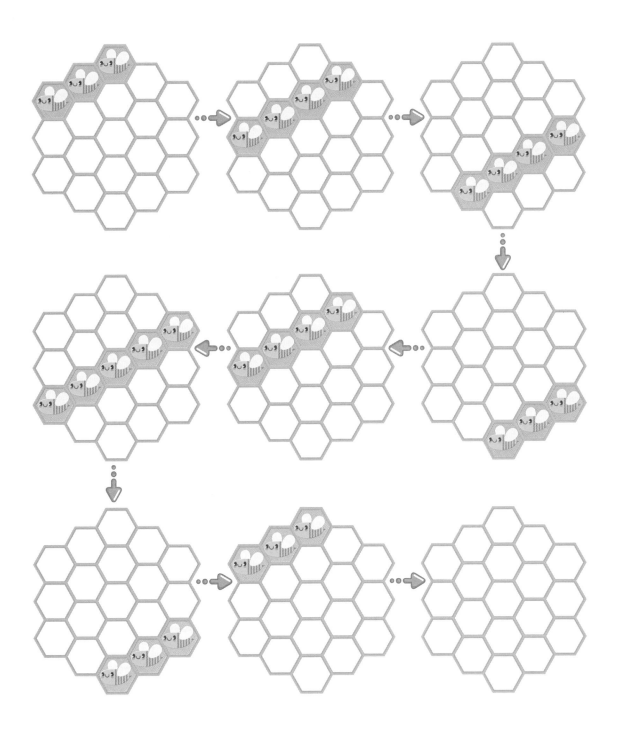

2. 이번에는 꿀벌들이 들어가기도 하고, 나오기도 합니다. 비어 있는 벌집에 들어가는 자리에는 분홍색으로, 나오는 자리에는 파란색으로 색칠하세요. 들어가고 나오는 벌들이 겹치는 곳에는 보라색으로 색칠합니다.

(1)

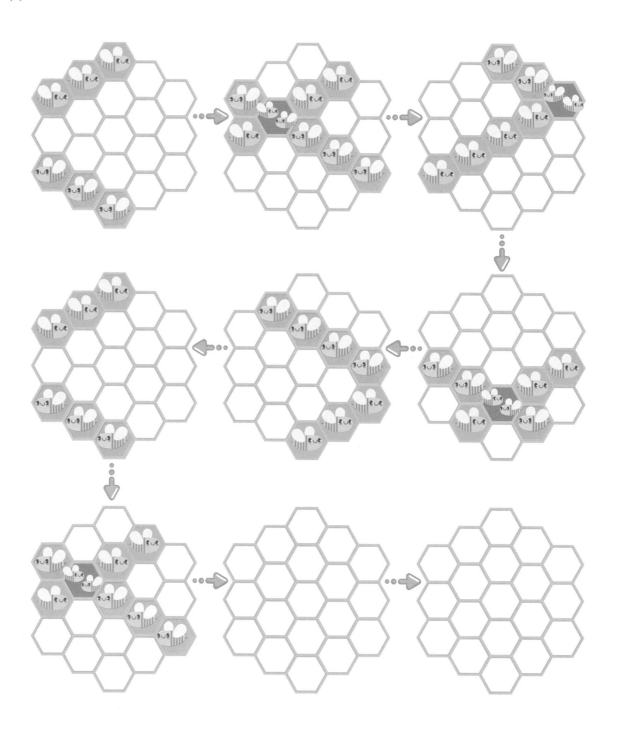

(2)

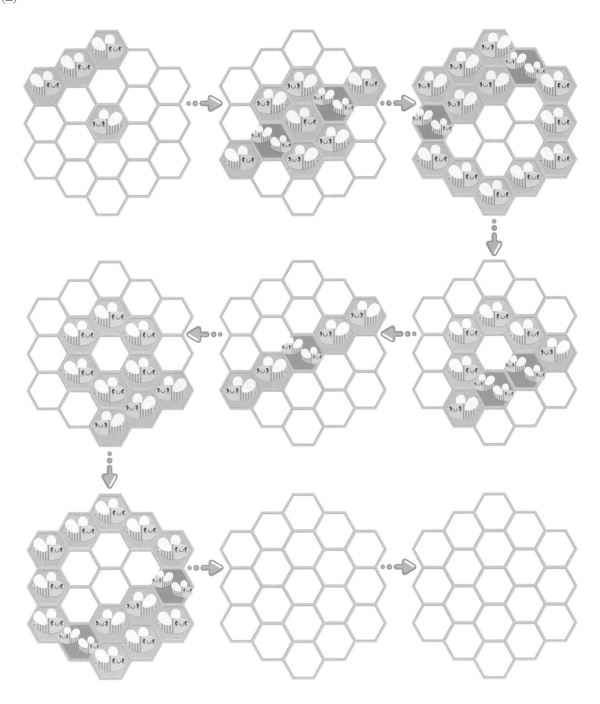

수학비밀 16 빙글빙글 딱지

1. 동그란 모양의 딱지에 다음과 같은 그림이 그려져 있습니다. 딱지에 그려진 그림을 보고 규칙을 정해 화살표 방향으로 딱지를 늘어놓았습니다. **보기** 와 같이 **?** 에 알맞은 딱지를 찾아 번호를 써넣으세요.

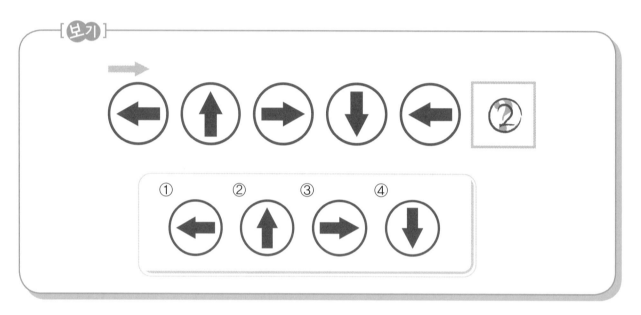

(1)

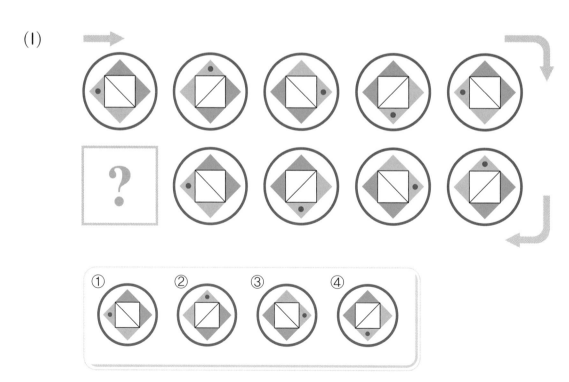

(2)

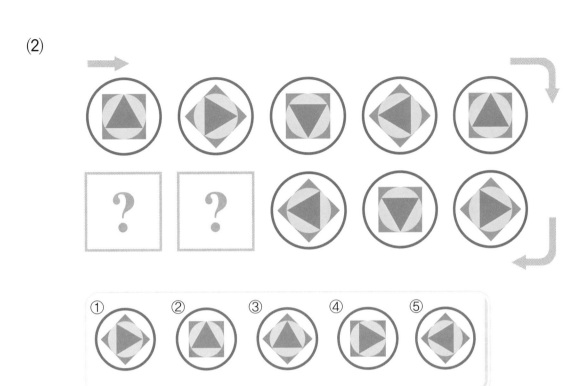

(3)

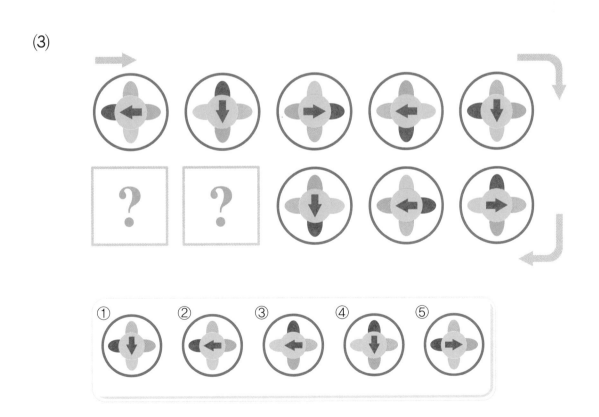

(4)

(5)

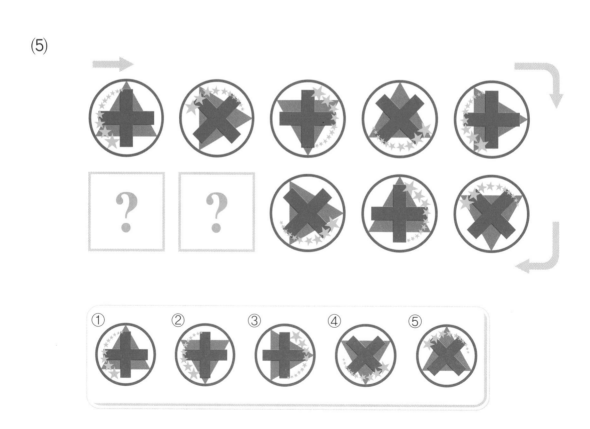

2. 딱지에 그려진 그림의 규칙을 찾아서 색연필로 화살표를 표시하고, 일정하게 반복되는 부분을 보기와 같이 표시하세요. 이때, 모든 딱지는 한 번씩 지나가야 하고, 2번 이상 반복되는 부분이 있어야 합니다.

[보기]

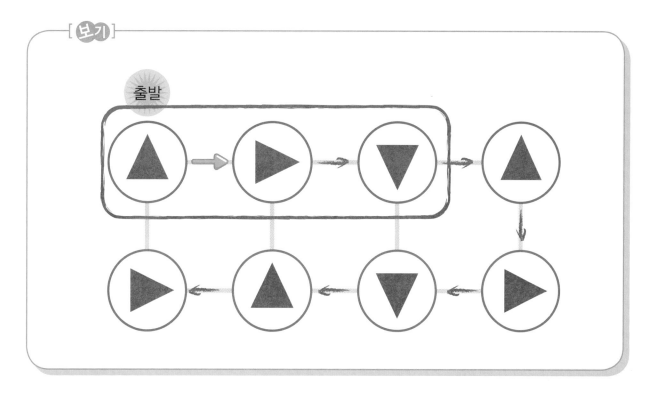

(1)

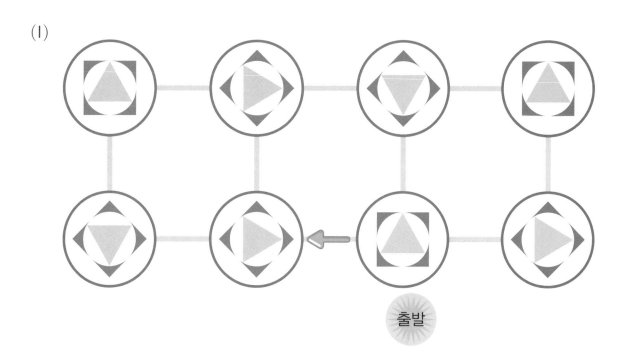

(2)

출발

(3)

출발

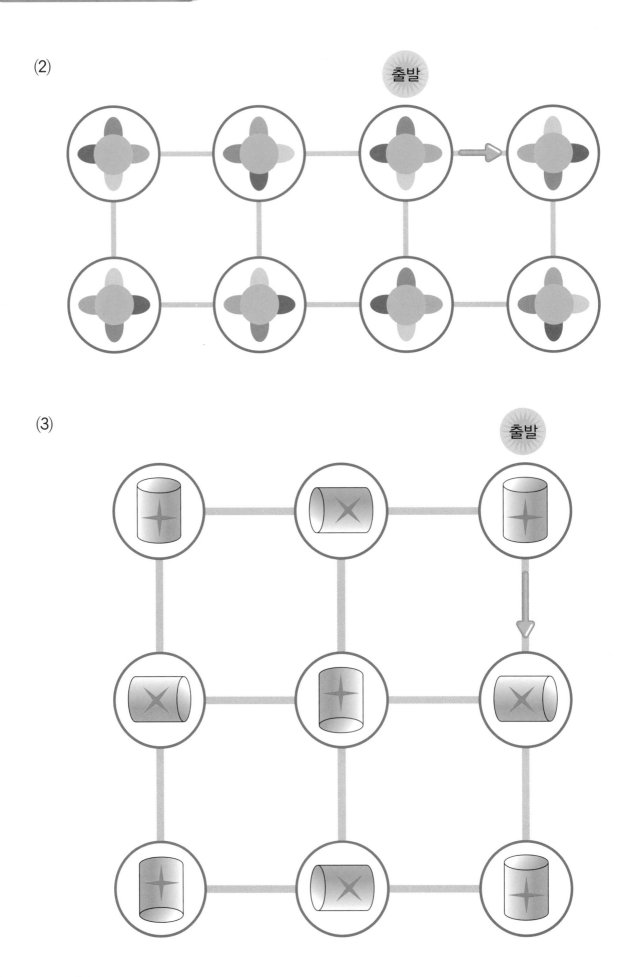

(4)

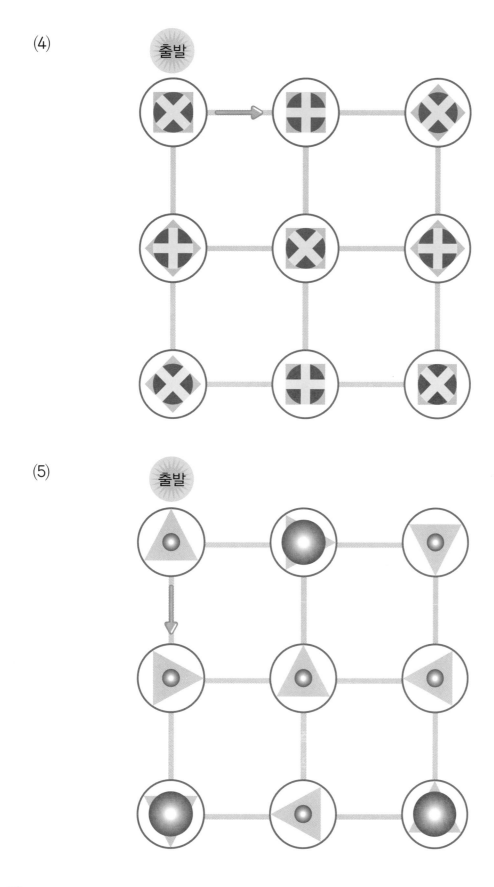

(5)

🌸 일정하게 반복되는 부분을 숫자 또는 알파벳과 같은 기호로 나타내어 보세요.

수학 비밀 17 액자 만들기

보기 와 같은 재료를 가지고 액자를 만들려고 합니다. 액자를 만들 때 필요한 막대와 이음쇠의 개수에는 어떤 규칙이 있을까요? ❓ 에 올 액자에서 사용할 각 재료의 개수를 써넣어 보세요.

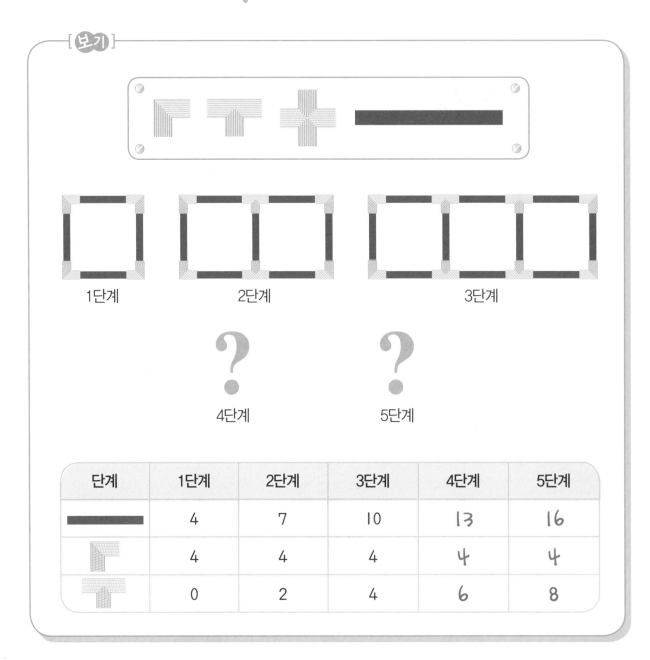

단계	1단계	2단계	3단계	4단계	5단계
▬	4	7	10	13	16
⌐	4	4	4	4	4
┳	0	2	4	6	8

1.

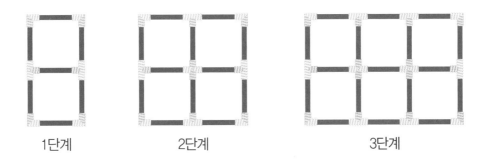

1단계 2단계 3단계

? 4단계

? 5단계

단계	1단계	2단계	3단계	4단계	5단계
▬	7	12	17		
┏	4	4	4		
┳	2	4	6		
✚	0	1	2		

2

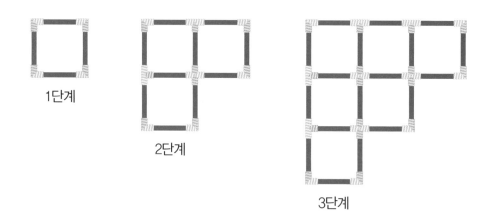

1단계

2단계

3단계

? 4단계

? 5단계

단계	1단계	2단계	3단계	4단계	5단계
▬	4	10	18		
⌐	4	5	6		
T	0	2	4		
+	0	1	3		

3.

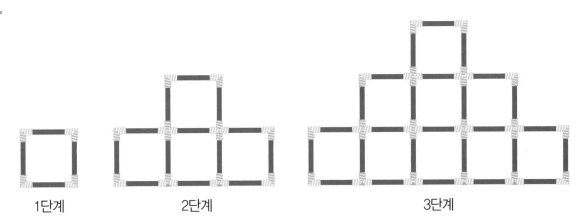

1단계   2단계   3단계

?   **?**

4단계   5단계

단계	1단계	2단계	3단계	4단계	5단계
▬	4	13	26		
⌐	4	6	8		
⊤	0	2	4		
✛	0	2	6		

수학 비밀 18 좌석 배치도

1. 다음은 한 영화관의 좌석 배치도입니다.

(1) ①, ②, ③, ④, ⑤, ⑥ 좌석의 번호는 몇 번일까요?

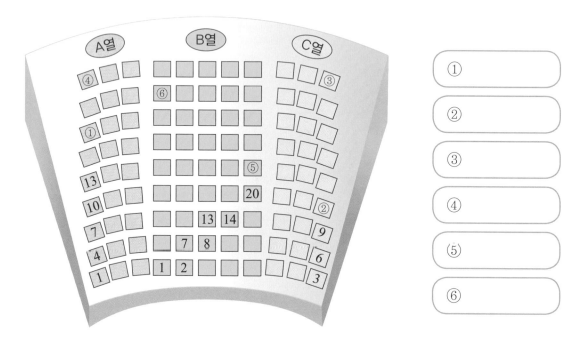

①

②

③

④

⑤

⑥

(2) ① ~ ⑥의 알맞은 좌석을 찾아 번호를 쓰세요.

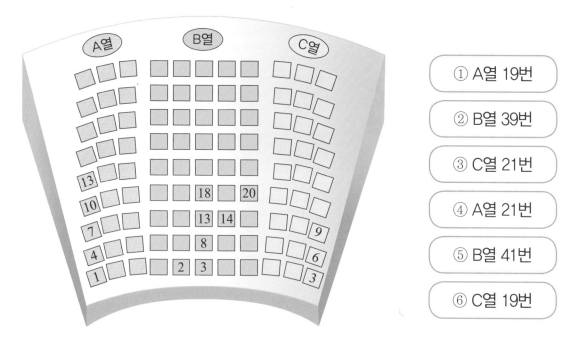

① A열 19번

② B열 39번

③ C열 21번

④ A열 21번

⑤ B열 41번

⑥ C열 19번

2. 다음은 어떤 영화관 좌석 배치도의 일부분입니다. 비어 있는 자리에 알맞은 번호를 적어 보세요.

(1)

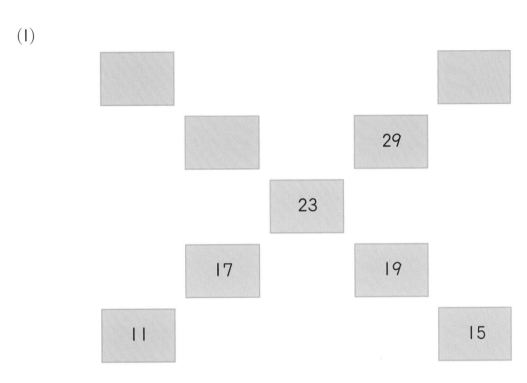

(2)

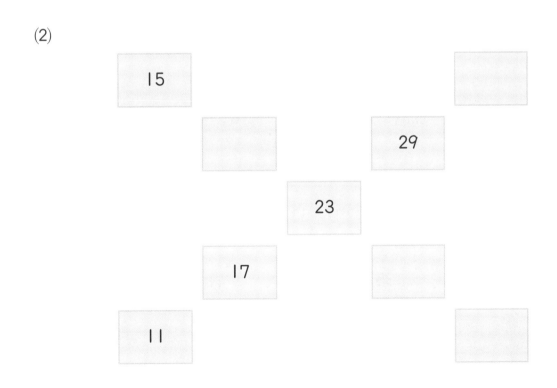

3. 장난꾸러기 창의는 자신만의 규칙으로 새로운 좌석표를 만들었습니다. 창의가 만든 좌석표에서 **?** 에 알맞은 번호는 몇 번일까요?

(1)

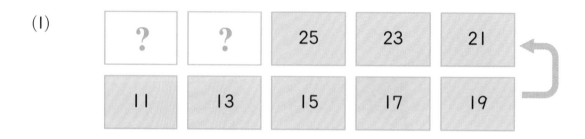

(2)

(3)

?	?	53	29	47
11	35	17	41	23

수학 비밀 19 벽화 완성하기

준비물 부록 (벽화 붙임 딱지)

1. 벽화의 일부가 지워져 있네요. **보기** 와 같이 규칙을 찾아 지워진 부분에 알맞은 붙임 딱지를 붙여 보세요.

[보기]

(1)

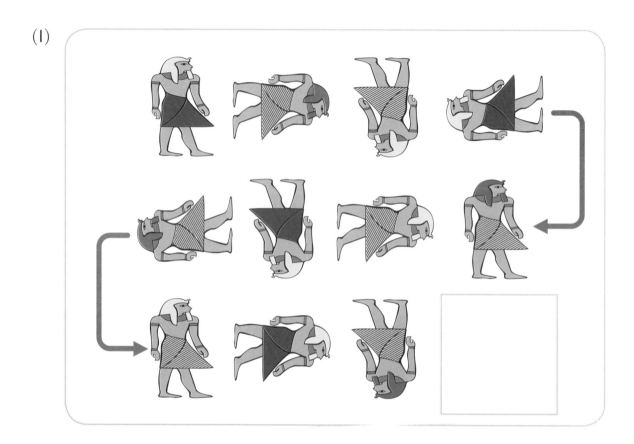

(2)

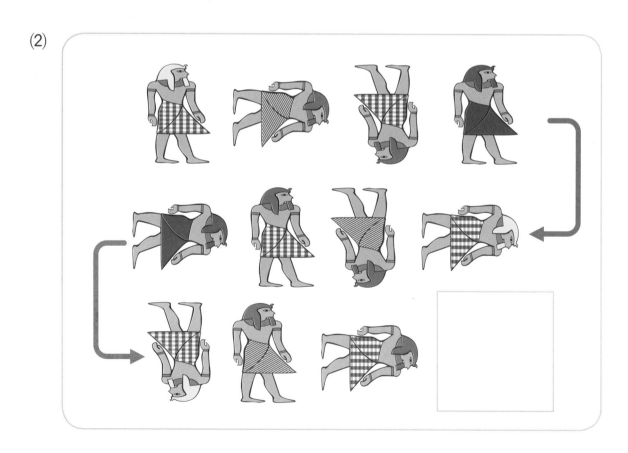

(3)

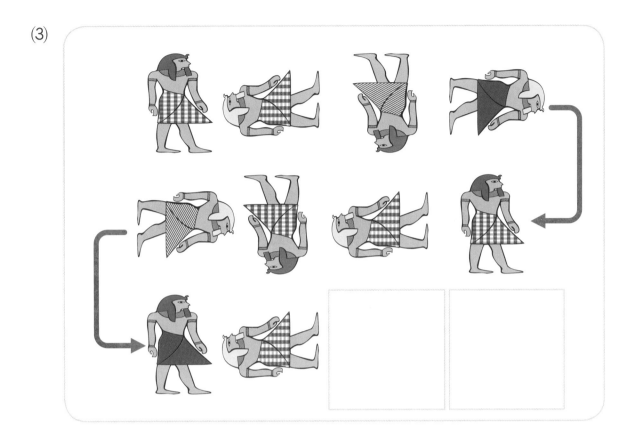

(4)

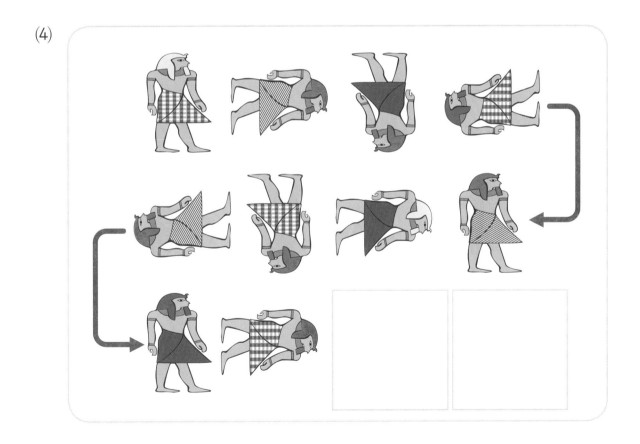

2. 벽화의 일부가 규칙에 맞지 않네요. 규칙에 맞지 않은 그림에 ◯ 표 하고, 올바른 그림을 찾아보세요.

(1)

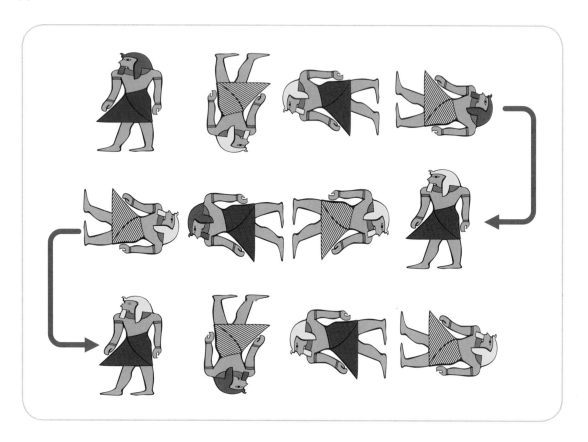

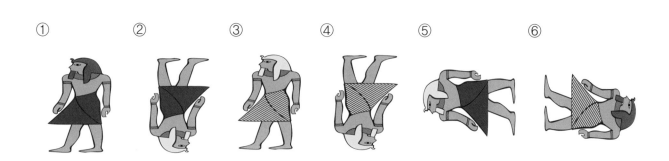

① ② ③ ④ ⑤ ⑥

(2)

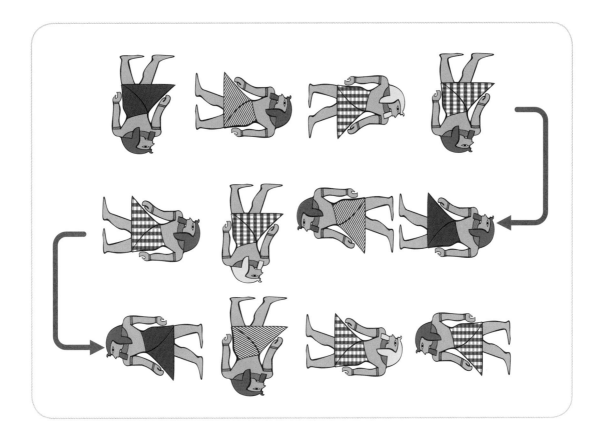

①   ②   ③   ④   ⑤   ⑥

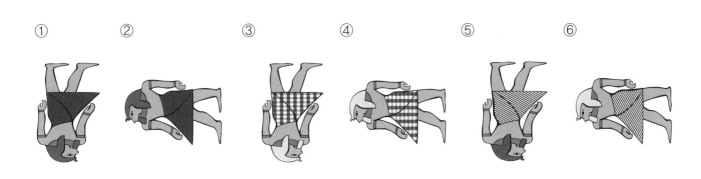

수학비밀 20 퍼즐 조각 연결하기

퍼즐 조각들이 흩어져 있습니다. 이 퍼즐 조각들이 규칙을 가지도록 **보기** 와 같이 차례대로 번호를 쓰고, 조각들을 순서대로 이어 보세요.

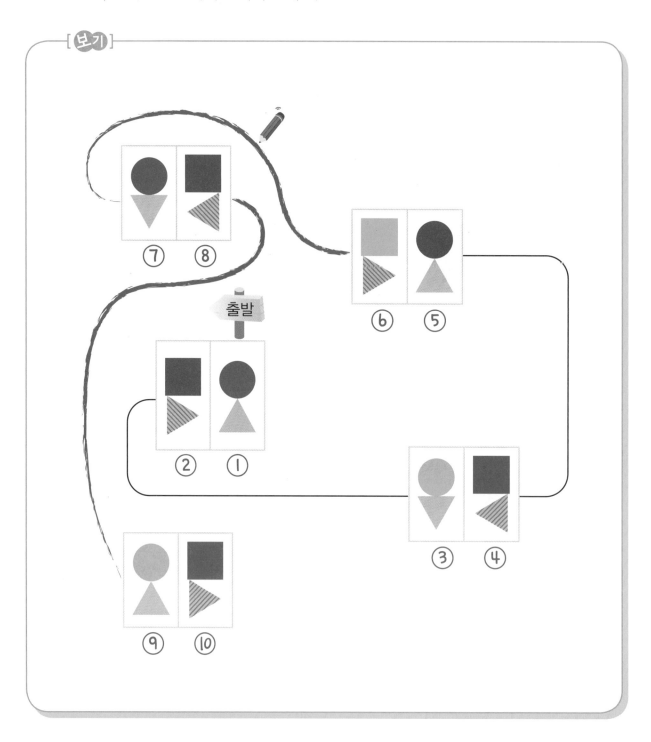

1.

2.

3.

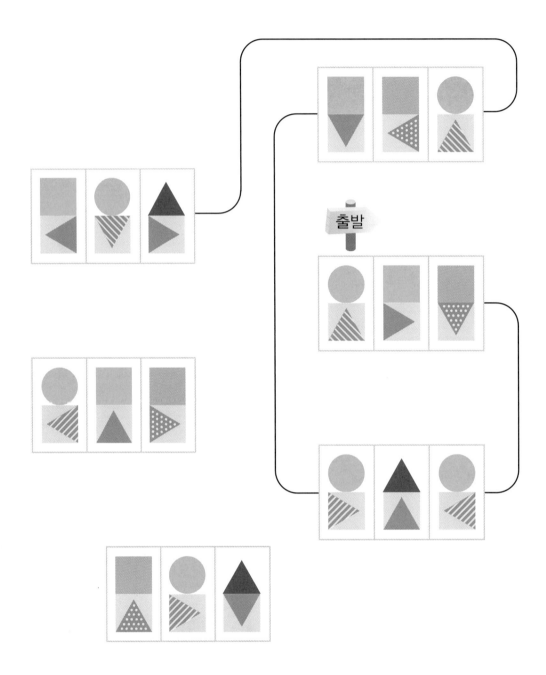

4.

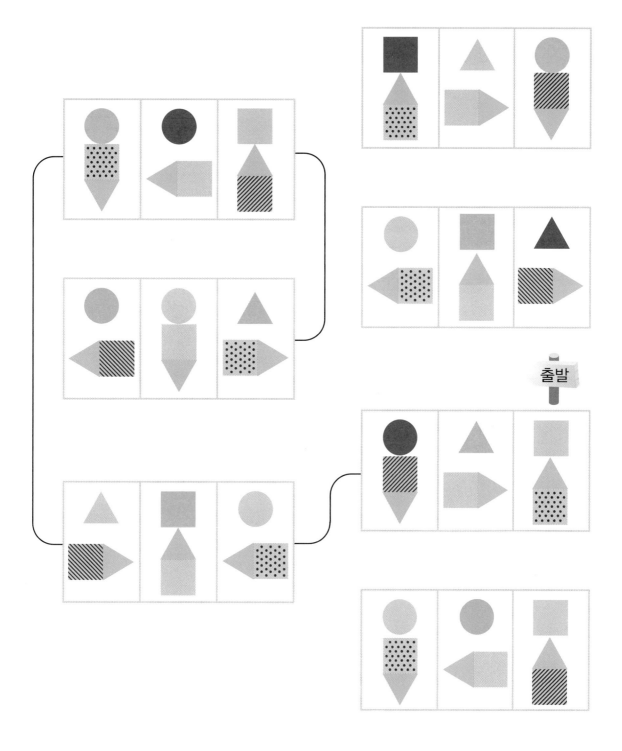

출발

수학 비밀 **21** 진짜 왕관을 찾아요

책상 위에 놓인 왕관 중 진짜 보석이 박힌 왕관을 찾아야 합니다. 진짜 왕관을 찾기 위해 레이저를 작동시켰어요. **규칙**을 잘 보고 진짜 왕관에는 ◯ 표 하고, 가짜 왕관에는 ✕ 표 하세요.

규칙

❶ 레이저가 지나가는 줄에는 반드시 진짜 왕관이 1개 있습니다.
❷ 진짜 왕관이 있는 곳은 하나의 레이저만 비춥니다.
❸ 레이저의 방향은 화살표로 표시됩니다.
❹ 진짜 왕관끼리는 서로 이웃하지 않습니다.

(예)

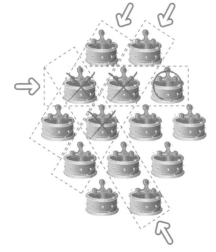

진짜 왕관이 있는 곳은 하나의 레이저만 비추므로 레이저가 겹쳐져서 비추는 곳에는 진짜 왕관이 없습니다.

서로 이웃하는 왕관이 나란히 진짜인 경우는 없습니다.

하나의 레이저에 한 개의 진짜 왕관이 있는지 확인합니다.

1.

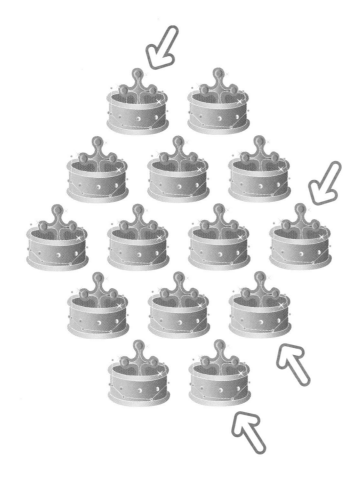

2.

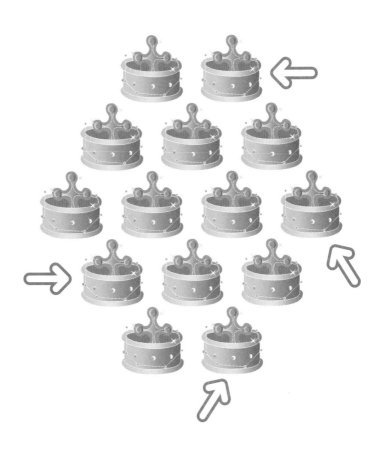

3.

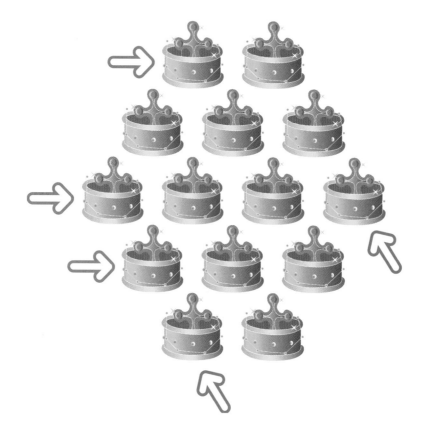

4.

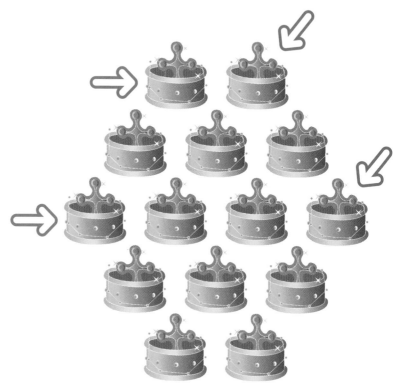

5.

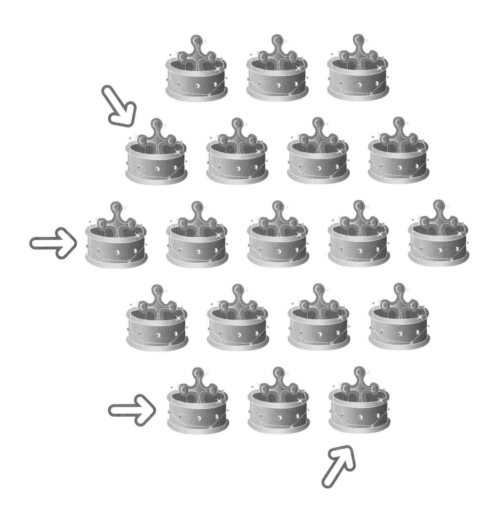

수학 비밀 22 정원 만들기

1. 네모난 마당에 여러 가지 꽃을 심으려고 합니다. 아래 **규칙** 을 확인하고, 다음 2개의 정원에서 **규칙** 에 맞지 않은 부분을 찾아 그 이유를 써 보세요.

규칙

❶ 각 꽃에 쓰인 숫자는 심어야 할 꽃의 수를 뜻합니다.

예를 들어 4가 쓰인 꽃의 꽃밭은 그 꽃이 들어있는 네모 칸을 포함하여 4칸을 차지한다는 것을 말합니다.

❷ 꽃밭의 크기는 가로, 세로로는 늘려 만들 수 있으나 대각선 방향으로는 늘릴 수 없습니다.

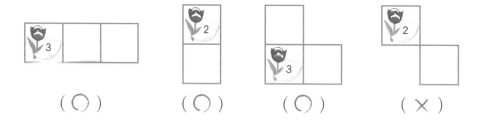

(○)　　　　(○)　　　　(○)　　　　(✕)

❸ 서로 다른 종류의 꽃밭 사이에는 색을 칠해 길을 만들어 주어야 합니다.

길은 모두 하나로 연결이 되어야 합니다.

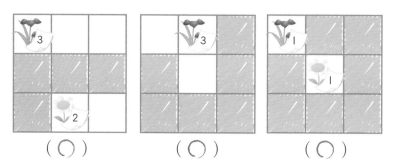

(○)　　　　　(○)　　　　　(○)

❹ 길이 대각선으로만 연결되거나 4칸이 모여있으면 안됩니다.

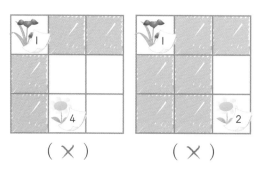

(✕)　　　　(✕)

(1)

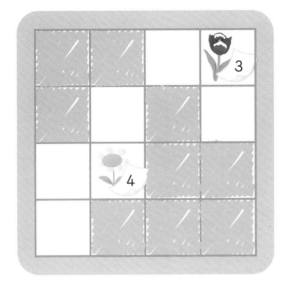

이유:

(2)

이유:

2. **규칙**에 맞게 꽃을 심어 정원을 만들어 보세요.

(1)

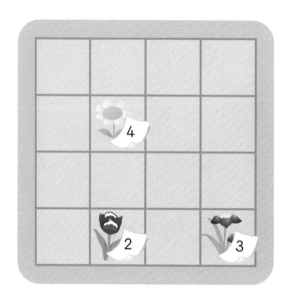

(2)

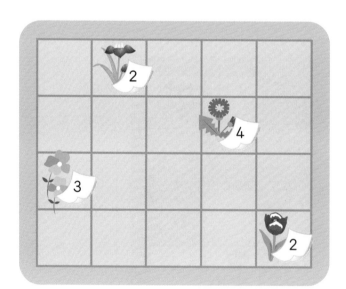

(3)

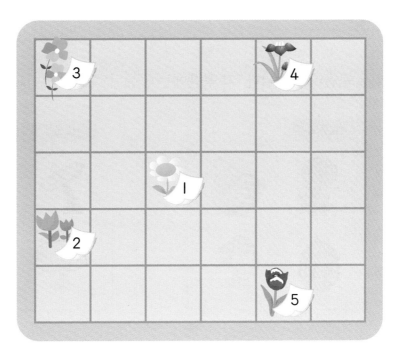

(4)

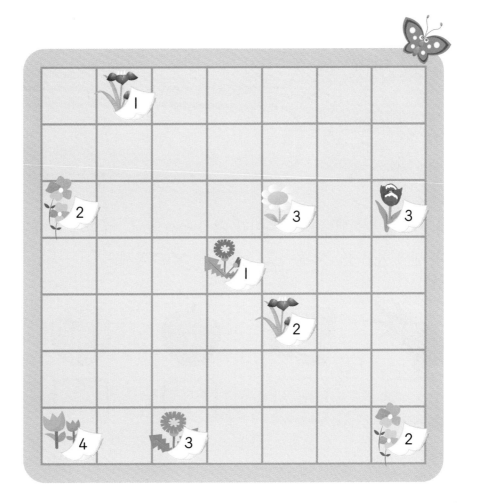

수학비밀 23 공통점을 찾아라

1. (가), (나)의 두 묶음이 있습니다. 각 묶음에는 공통된 특징이 있어요.

(1) 각 묶음의 공통된 특징을 찾아 쓰세요.

(가)묶음의
공통점

(나)묶음의
공통점

(2) 다음 사물들은 어떤 묶음에 들어갈 수 있을까요? ☐ 안에 들어갈 수 있는 묶음을 쓰고, 만약 아무 곳에도 들어갈 수 없다면 ✕표 하세요.

2. 창조네 반 친구들이 모여서 두 팀으로 나누어 게임을 하려고 합니다.

(1) 같은 팀에 있는 친구들의 특징을 잘 살펴보고, 각 팀의 공통된 특징을 찾아 쓰세요.

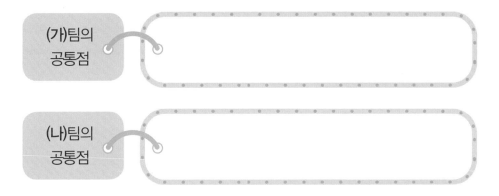

(2) 창조네 반에 4명의 친구들이 새로 와서 게임을 같이 하고 싶어 합니다. 이 친구들은 어느 팀에 들어갈 수 있을까요? ⬜ 안에 들어갈 수 있는 팀을 쓰고, 어떤 팀에도 들어갈 수 없는 친구는 ✗ 표 하세요.

3. (가), (나), (다)의 세 묶음이 있습니다. 각 묶음에는 2가지 이상의 공통된 특징이 있어요.

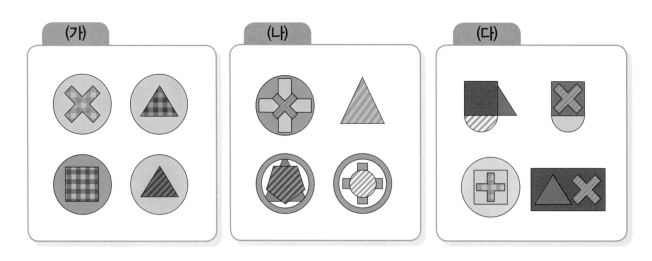

(1) 각 묶음의 공통된 특징을 찾아 쓰세요.

(가)묶음의
공통점

(나)묶음의
공통점

(다)묶음의
공통점

(2) 다음 그림들은 어떤 묶음에 들어갈 수 있을까요? ⬜ 안에 들어갈 수 있는 묶음을 쓰고, 만약 아무 곳에도 들어갈 수 없다면 ✕ 표 하세요.

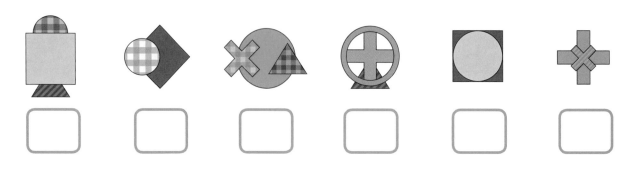

24 기준을 세워라

1. (가)와 (나) 두 묶음을 비교해 보고, 기준을 정해 그 특징을 써 보세요.

(1)

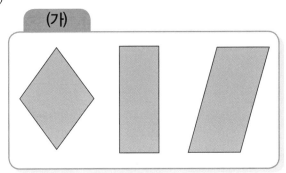

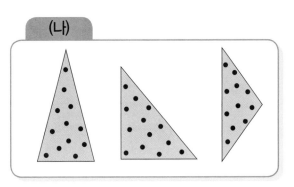

기준	(가)의 특징	(나)의 특징
		삼각형
	보라색	
무늬		

(2)

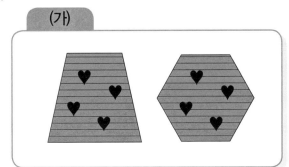

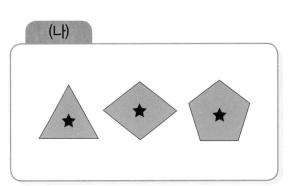

기준	(가)의 특징	(나)의 특징
		작다
	4개	

2. 다음 16장의 손수건을 **보기** 와 같이 나름대로 기준을 정해서 분류해 놓았습니다.

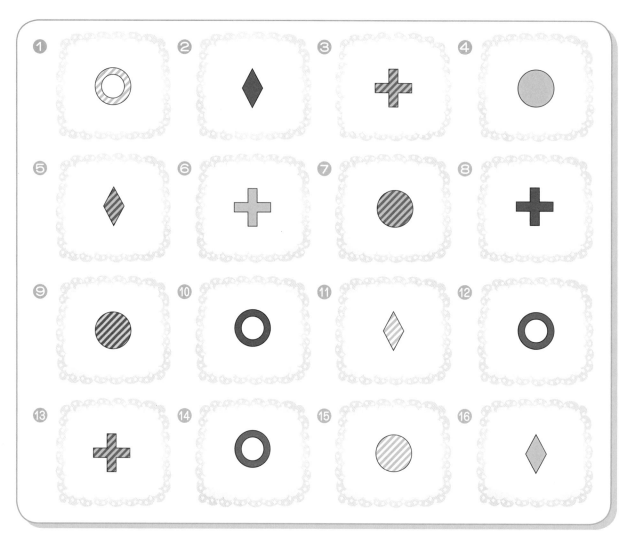

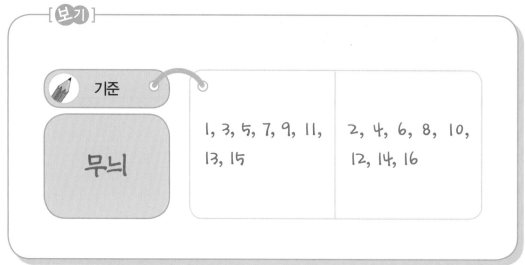

(1) 보기 에 있는 방법 이외에 다른 방법으로 손수건들을 분류해 보세요.

(2) 공통점을 가지는 손수건의 수가 모두 같도록 손수건들을 나누려고 합니다. 어떤
기준으로 나누면 될까요? 기준을 쓰고, 기준에 맞게 분류하여 번호를 써 보세요.

(3) 예쁜 손수건과 예쁘지 않은 손수건으로 분류해 보세요.

🌸 분류를 할 때 '기준'은 어떤 성질을 가져야 하는 지 써 보세요.

수학 비밀 25 과일을 골라라

할머니 댁에 놀러간 창의는 냉장고에 있는 과일 중에서 두 가지를 꺼내 할머니와 나누어 먹으려고 합니다. 두 가지 과일을 할머니와 한 개씩 나누어 먹을 수 있는 서로 다른 방법을 모두 찾아보세요.

1.

2.

할머니	창의

할머니	창의

3.

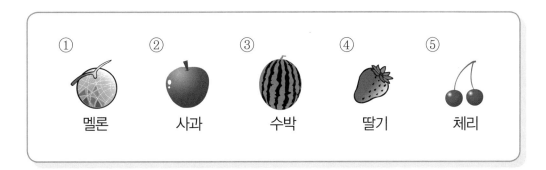

할머니	창의

할머니	창의

수학 비밀 **26** 길을 찾아라

창의가 할머니 댁에 과일 바구니를 가져다 드리기로 했는데 중간중간에 늑대가 숨어 있군요.
늑대를 피해서 갈 수 있는 방법을 모두 찾아보세요.

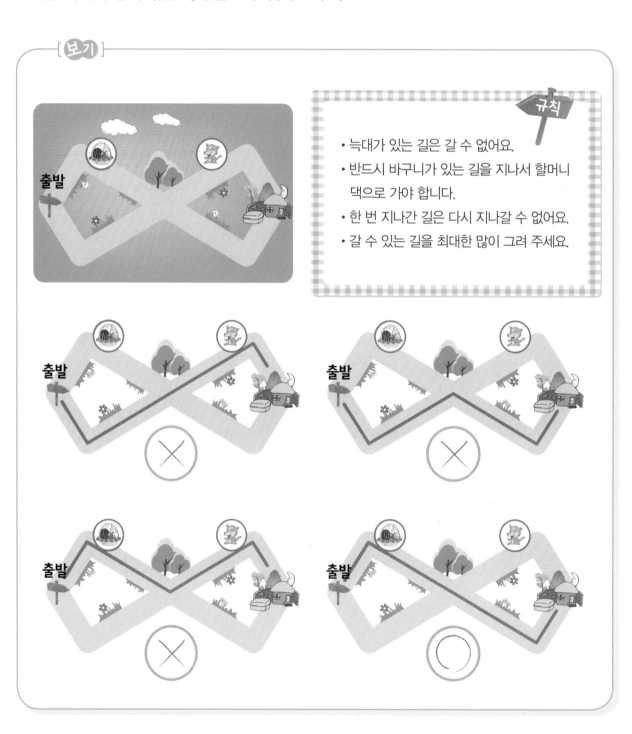

[보기]

[규칙]

• 늑대가 있는 길은 갈 수 없어요.
• 반드시 바구니가 있는 길을 지나서 할머니 댁으로 가야 합니다.
• 한 번 지나간 길은 다시 지나갈 수 없어요.
• 갈 수 있는 길을 최대한 많이 그려 주세요.

1.

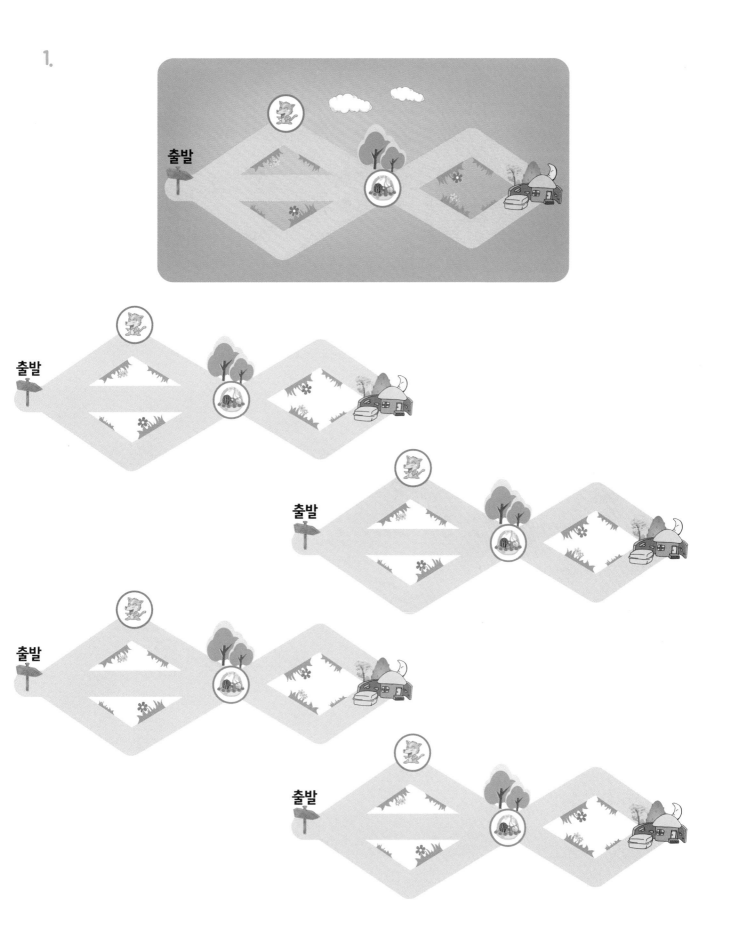

2.

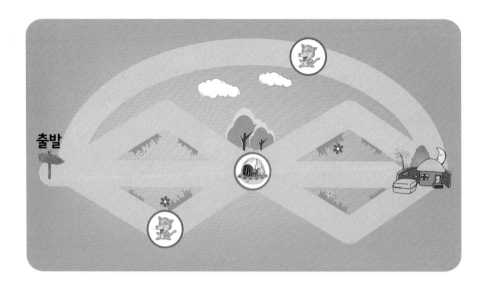

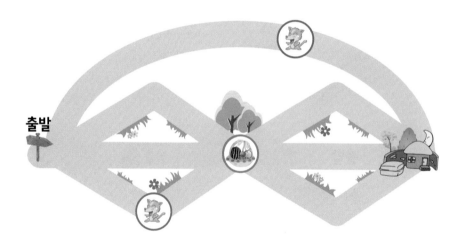

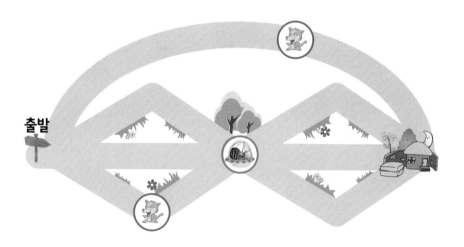

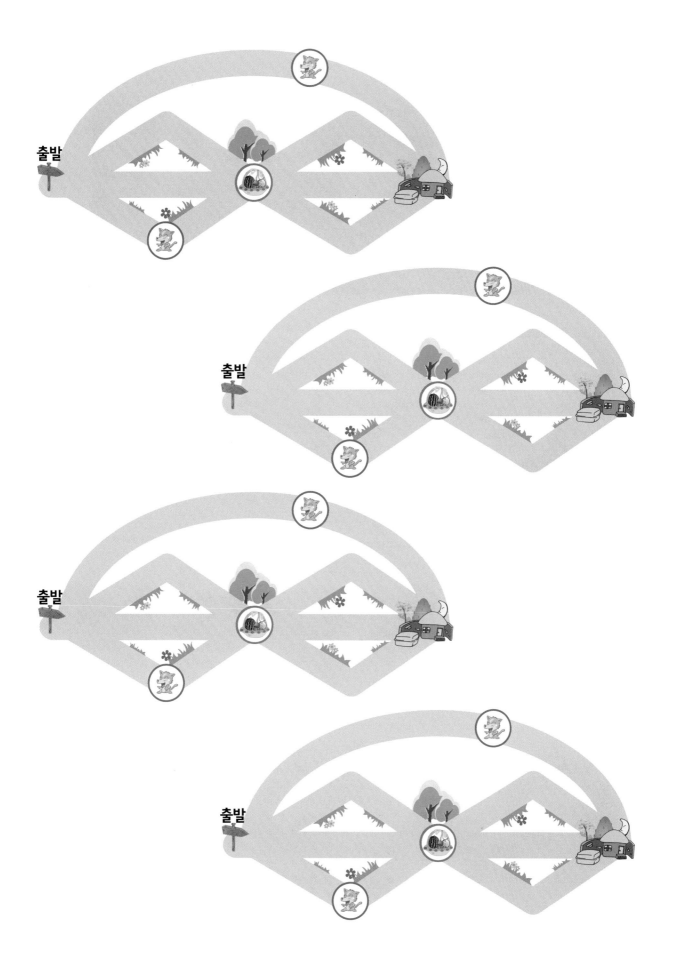

출발

출발

출발

출발

3.

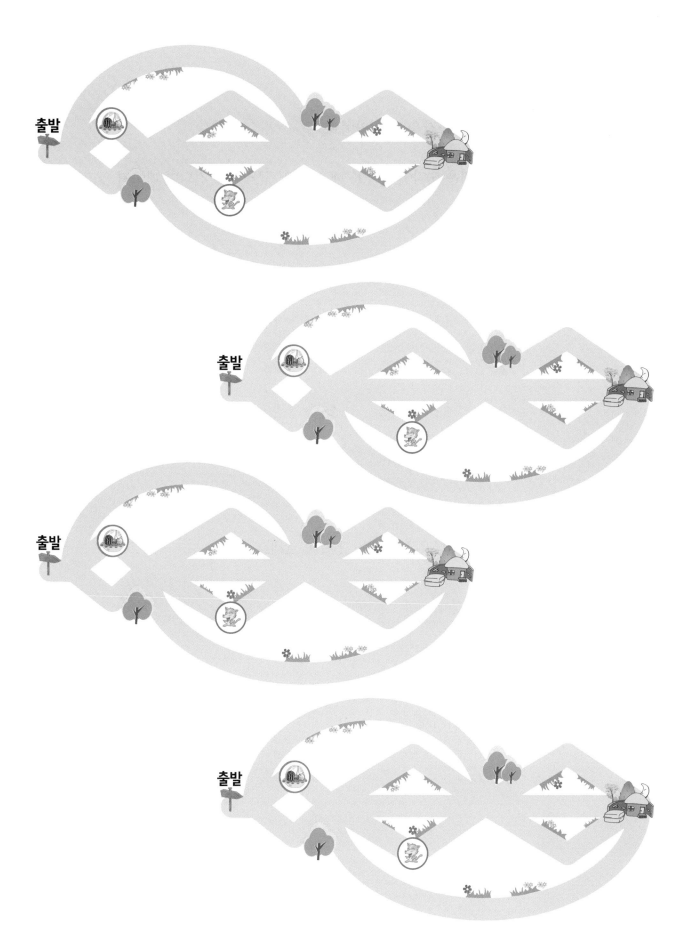

수학비밀 27 곱셈은 덧셈에서

1. 창의가 2씩 더해 가며 도장을 찍고 있어요.

(1) 창의가 도장을 찍은 숫자에 ◯표 해 보세요. 규칙이 발견되면 더하지 않고도 ◯표 할 수 있어요.

1	②	3	④	5	⑥	7	⑧	9	⑩
11	12	13	14	15	16	17	18	19	20
21	22	23	24	25	26	27	28	29	30
31	32	33	34	35	36	37	38	39	40
41	42	43	44	45	46	47	48	49	50

(2) 위의 덧셈표를 보고 다음을 계산한 값을 써 보세요.

$2 + 2 + 2 + 2 + 2 + 2 =$

$2 \times 6 =$

(3) 다음 구구단 표를 완성해 보세요.

×	1	2	3	4	5	6	7	8	9
2									

2. 5씩 더해 가며 ◯표 해 보세요. 또, 구구단 표를 완성해 보세요.

1	2	3	4	⑤	6	7	8	9	10
11	12	13	14	15	16	17	18	19	20
21	22	23	24	25	26	27	28	29	30
31	32	33	34	35	36	37	38	39	40
41	42	43	44	45	46	47	48	49	50

×	1	2	3	4	5	6	7	8	9
5									

3. 3씩 더해 가며 ◯표 해 보세요. 또, 구구단 표를 완성해 보세요.

1	2	③	4	5	6	7	8	9	10
11	12	13	14	15	16	17	18	19	20
21	22	23	24	25	26	27	28	29	30
31	32	33	34	35	36	37	38	39	40
41	42	43	44	45	46	47	48	49	50

×	1	2	3	4	5	6	7	8	9
3									

4. 9씩 더해 가며 ◯표 해 보세요. 또, 구구단 표를 완성해 보세요.

1	2	3	4	5	6	7	8	⑨	10
11	12	13	14	15	16	17	18	19	20
21	22	23	24	25	26	27	28	29	30
31	32	33	34	35	36	37	38	39	40
41	42	43	44	45	46	47	48	49	50
51	52	53	54	55	56	57	58	59	60
61	62	63	64	65	66	67	68	69	70
71	72	73	74	75	76	77	78	79	80
81	82	83	84	85	86	87	88	89	90
91	92	93	94	95	96	97	98	99	100

×	1	2	3	4	5	6	7	8	9
9									

28 네이피어 막대

준비물 부록 (네이피어 막대)

곱셈 계산법이 없던 시절, 네이피어는 상인들의 계산에 도움을 주는 네이피어 막대를 발명했어요. 상인들은 상아나 나무로 만들어진 막대 한 세트를 가지고 다니면서 곱셈을 계산하는 데 사용했습니다.

1. 재치가 넘치는 수학자 네이피어가 발명한 네이피어 막대를 만들어 보세요.

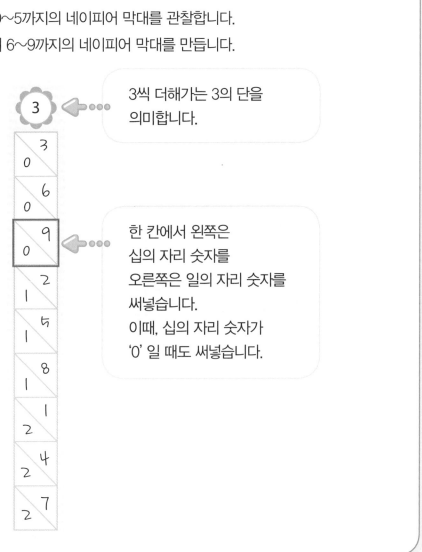

❶ 10개의 네이피어 막대를 준비합니다.

❷ 만들어져 있는 0∼5까지의 네이피어 막대를 관찰합니다.

❸ 규칙을 발견하여 6∼9까지의 네이피어 막대를 만듭니다.

3 ◁···· 3씩 더해가는 3의 단을 의미합니다.

한 칸에서 왼쪽은
십의 자리 숫자를
오른쪽은 일의 자리 숫자를
써넣습니다.
이때, 십의 자리 숫자가
'0' 일 때도 써넣습니다.

2. 네이피어 막대의 ◯ 안을 채워 주세요.

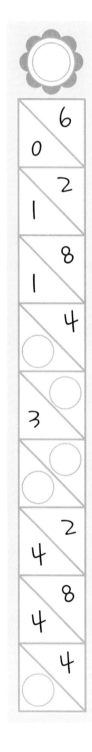

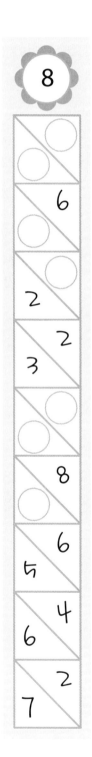

3. 네이피어 막대를 관찰해 보세요.

일의 자리에 노란색, 십의 자리에 파란색, 백의 자리에 빨간색으로 색칠해 보세요.

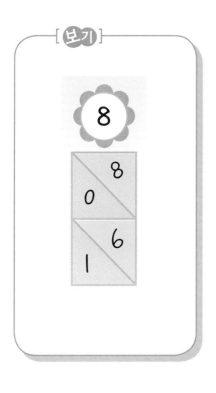

(1)

9의 단

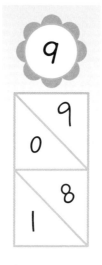

(2)

30의 단

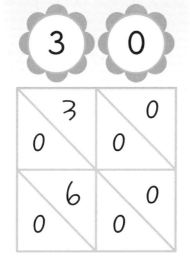

(3)

51의 단

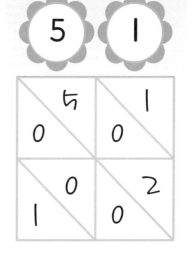

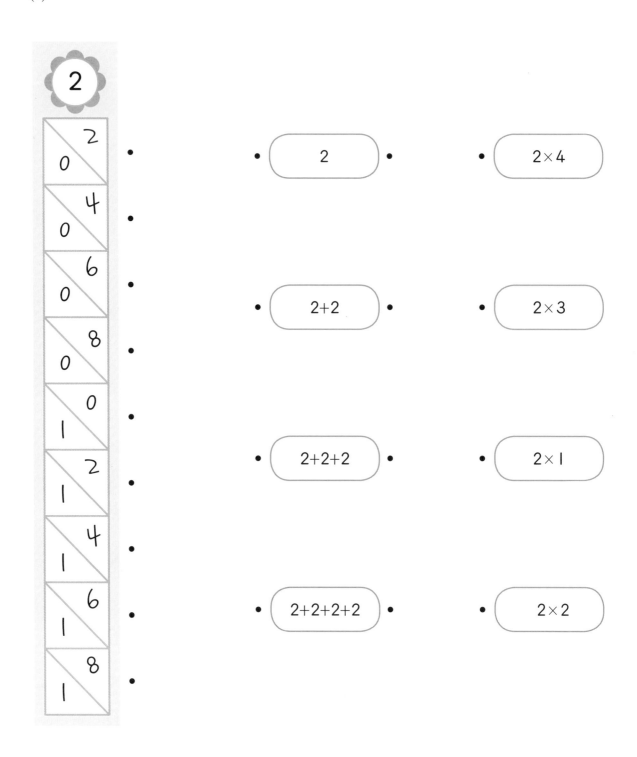

4. 네이피어 막대의 각 칸의 의미와 같은 것끼리 선으로 이으세요.

(1)

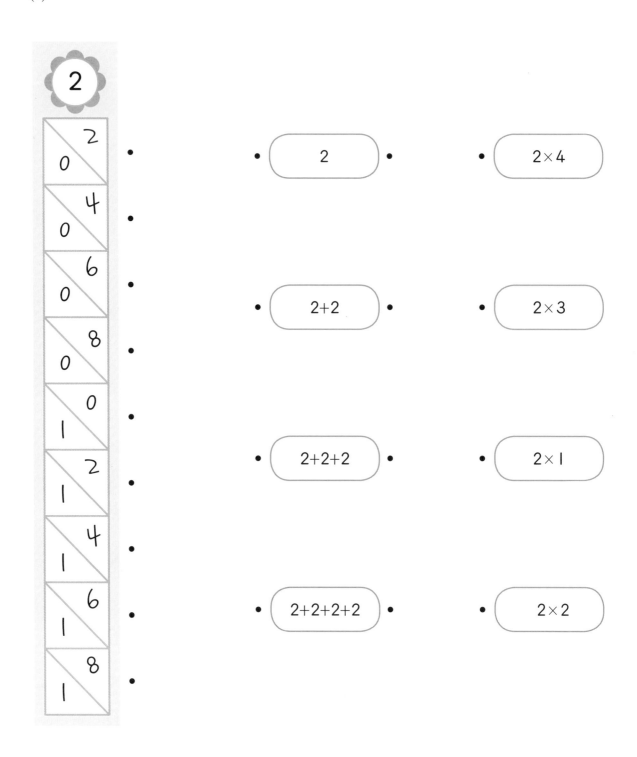

2

2   2×4

2+2   2×3

2+2+2   2×1

2+2+2+2   2×2

(2)

| 20+20 | | 20×1 |

| 20+20+
20+20+20 | | 20×5 |

| 20+20+20 | | 20×2 |

| 20 | | 20×3 |

(3)

1	5
1 / 0	5 / 0
2 / 0	0 / 1
3 / 0	5 / 1
4 / 0	0 / 2
5 / 0	5 / 2
6 / 0	0 / 3
7 / 0	5 / 3
8 / 0	0 / 4
9 / 0	5 / 4

- 15+15 · · 15×4

- 15+15+15+15 · · 15×2

- 15+15+15 · · 15×6

- 15+15+15+15+15+15 · · 15×3

수학비밀 29 신호등 수

1. 탐구가 신호등으로 수를 만들었어요.

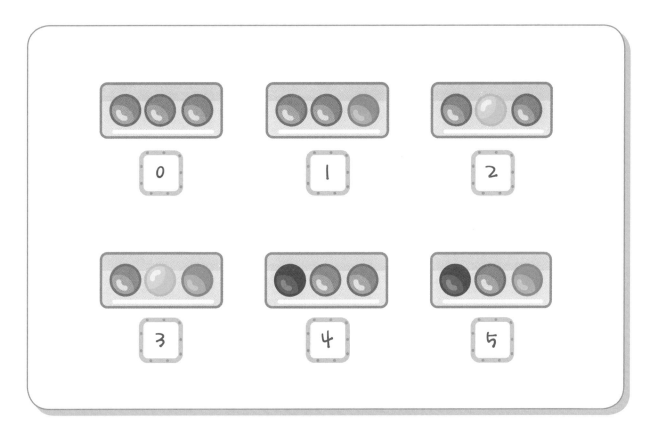

(1) 탐구가 신호등으로 만든 수가 얼마를 나타내는지 ☐ 안에 써 보세요.

(2) 출발 지점에 있는 신호등 수에서 시작하여 1씩 커지는 신호등 수를 따라 도착 지점
까지 가는 길을 선으로 표시해 보세요.

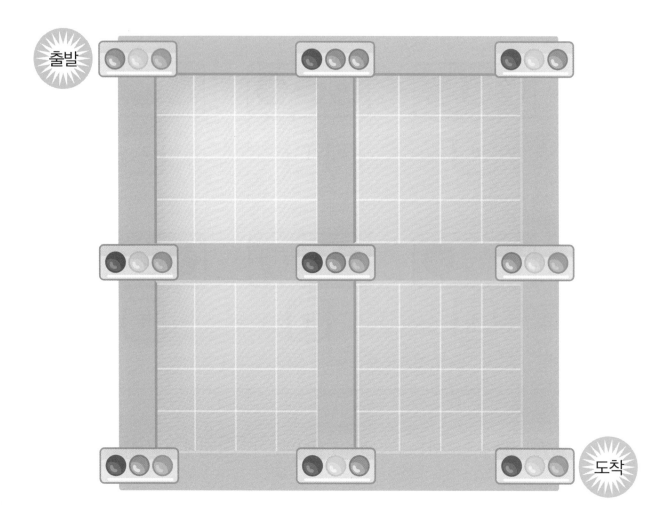

(3) 신호등이 어떤 수를 나타내는지 [ ] 안에 써 보세요.

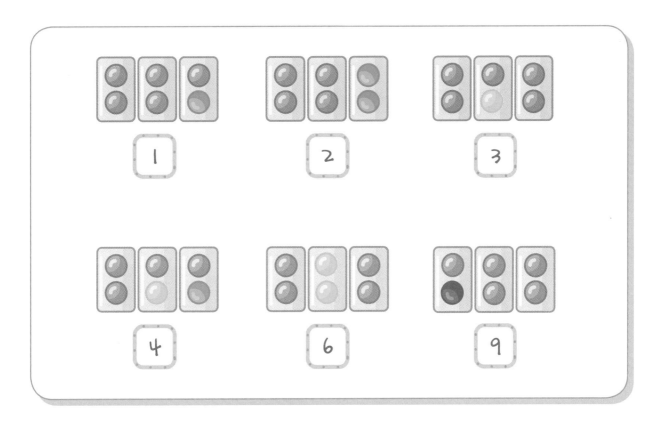

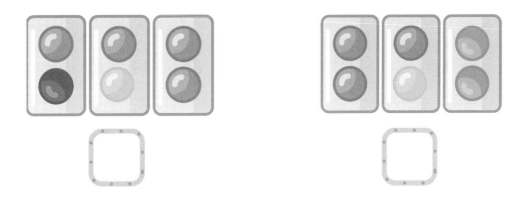

(4) 출발 지점에 있는 신호등 수에서 시작하여 1씩 커지는 신호등 수를 따라 도착 지점 까지 가는 길을 선으로 표시해 보세요.

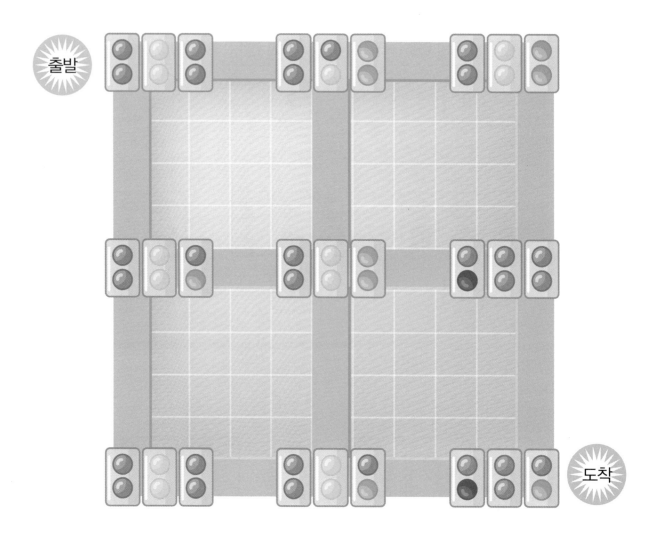

(5) 신호등이 어떤 수를 나타내는지 ☐ 안에 써 보세요.

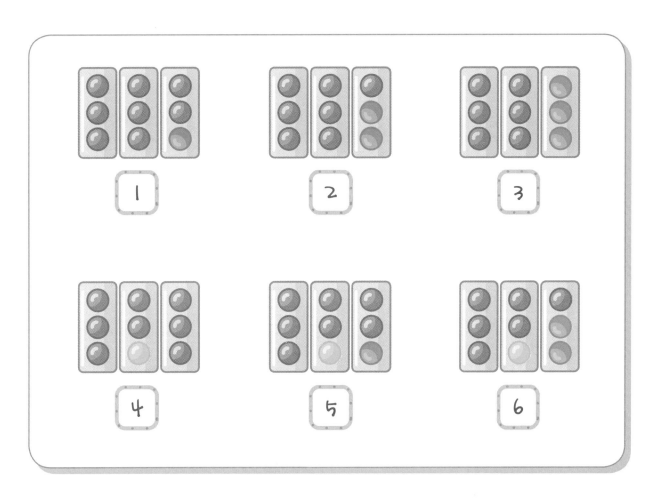

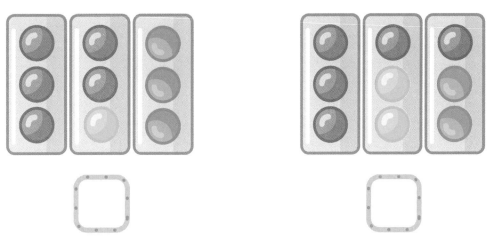

(6) 출발 지점에 있는 신호등 수에서 시작하여 1씩 커지는 신호등 수를 따라 도착 지점
까지 가는 길을 선으로 표시해 보세요.

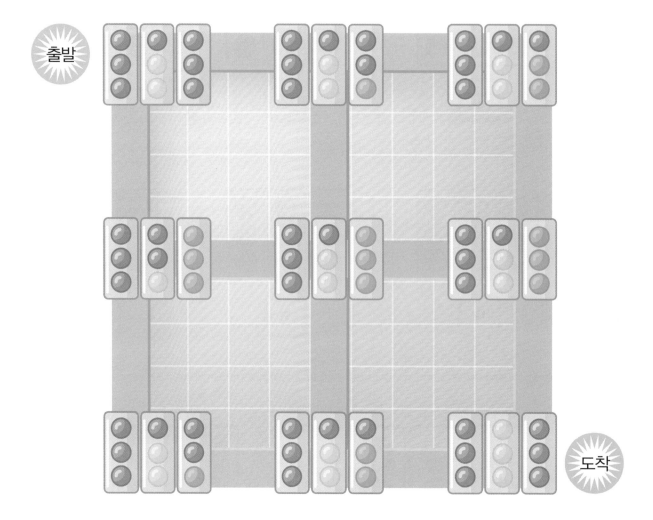

정답 및 풀이

▲+■=★ 이므로 ▲+3=7, ▲=4입니다.
→ ▲+■−★=4+3−7=0입니다.

① (10~11쪽)

1. 8권   2. ㉣
3. 예 ① 특징: 평평한 부분과 둥근 부분이 있다.
      ② 같은 모양: 북, 도장, 통조림, 풀 등
4. 4+3=7(개)   5. 8개
6. 6   7. 0

② (12~13쪽)

1. 정호   2. ㉢
3. 10, 12, 14, 16, 18
4. 4상자, 7개
5. 정아
6. 만들 수 있는 덧셈식은 23+56=79, 26+53=79이다.
7. ○=5, □=8, △=2이므로 ○+□+△=5+8+2=15이다.

풀이

1. 선물 상자 9개 중 공책을 담지 못한 상자는 한 개가 남았으므로 선물 상자 8개에 공책이 담겼습니다. 상자에 공책을 한 권 씩 담았으므로 공책의 개수는 8권입니다.

2. ㉠은 54, ㉡은 49, ㉢은 52, ㉣은 58이므로 가장 큰 수는 ㉣입니다.

3. 제시된 모양은 ⬚ 모양입니다.
   ⬚ 모양은 평평한 부분과 둥근 부분이 있습니다.
   같은 모양으로는 북, 도장, 통조림, 풀 등이 있습니다.

4. 동생이 가진 초록 구슬은 2+2=4(개)입니다. 샛별이가 가진 노란 구슬은 동생보다 1개 더 적으므로 4−1=3(개)입니다. 그러므로 바구니에 있던 구슬의 수는 4+3=7(개)입니다.

5. 두 수의 합이 9인 식은 1+8=9, 2+7=9, 3+6=9, 4+5=9, 5+4=9, 6+3=9, 7+2=9, 8+1=9로 8개 만들 수 있습니다.

6. 7을 두 수로 가르기 하면 (1,6), (2,5), (3,4), (4,3), (5,2), (6,1)입니다.
   차가 가장 클 때는 6−1=5입니다.
   차가 가장 작을 때는 4−3=1입니다.
   두 수를 합하면 5+1=6입니다.

7. ■+■=6 이므로 ■=3입니다.
   ★−■=4 이므로 ★−3=4, ★=7입니다.

풀이

1. 혜정이 앞에 민수가 있고 혜정이 뒤에 윤주가 있으므로, 〈민수 − 혜정 − 윤주〉 순서대로 섰습니다.
   정호는 윤주 뒤에 있으므로
   〈민수−혜정−윤주−정호〉 순서대로 섰습니다. 숙제를 가장 늦게 끝낸 사람은 정호입니다.

2. 담긴 물이 많을수록 그릇의 크기가 크고 같은 컵으로 퍼낸 횟수가 많습니다. 그릇이 큰 순서대로 나열하면 ㉡>㉠>㉢입니다. 가장 작은 그릇은 ㉢입니다.

3. 9보다 크고 20보다 작은 수는 10, 11, 12, 13, 14, 15, 16, 17, 18, 19입니다. 제시된 카드로 만들 수 있는 수는 10, 12, 14, 16, 18입니다.

4. 가장 많은 간식은 47개인 빵입니다.
   10개 들이 상자에 담으면 4상자에 담고 7개가 남습니다.

5. 민지는 78개, 호윤이는 79개, 정아는 81개입니다.
   80개를 넘은 친구는 정아입니다.

6. ■+▲=9이므로 ■+▲는 3+6 또는 6+3입니다.
   ♥0+50=70이므로 ♥=2입니다.
   그러므로 만들 수 있는 덧셈식은 23+56=79, 26+53=79입니다.

7. 5+4+○=14에서 9+○=14, ○=5입니다.
   3+△+7=12에서 10+△=12, △=2입니다.
   □+2+8=18에서 □+10=18, □=8입니다.

○=5, □=8, △=2이므로

○+□+△=5+8+2=15입니다.

③

1. 넷째   2. 5개
3. 오른쪽에서 둘째에 있는 봉투
4. 민호가 가진 색종이는 44장이므로 4개의 봉지에 넣고 낱개는 4장이 남는다.
5. ⑩   6. 8개
7. 48

풀이

1. 노란색 이름표가 빨간색 이름표의 앞에 3개, 뒤에 3개 있습니다. 그러므로 노란색 – 노란색 – 노란색 – 빨간색 – 노란색 – 노란색 – 노란색의 순서대로 놓여 있습니다.

2. 제시된 모양에 ⬚ 모양은 6개 사용되었습니다.

1개를 덜 사용하면 ⬚ 모양이 5개 필요합니다.

3. 사탕의 개수가 많을수록 무겁습니다.
그러므로 무거운 순서대로 나열하면 6개>5개>4개>3개>2개입니다.
넷째로 무거운 봉투는 3개가 든 봉투로 오른쪽에서 둘째에 있는 봉투입니다.

4. 민호가 가진 색종이는 소진이가 가진 색종이 42장보다 2장이 더 많으므로 44장입니다. 44는 10개씩 4묶음이고 낱개로 4개이므로, 4개의 봉지에 넣고 낱개는 4장이 남습니다.

5. 도형이 클수록 넓습니다.
그러므로 넓은 순서대로 나열하면
②>⑩>ⓛ>㉠>㉫>ⓒ입니다.
둘째로 넓은 것은 ⑩입니다.

6. 상자 안에 있는 모양은 33개입니다.

 모양을 만드는 데 모양이 4개가

필요합니다.

33=4+4+4+4+4+4+4+4+1

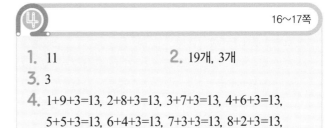

이므로 모양을 8개 만들고,

모양 1개가 남습니다.

7. 46과 50 사이의 수는 47, 48, 49입니다. 이 중에서 둘째로 큰 수는 48입니다.

④

1. 11   2. 19개, 3개
3. 3
4. 1+9+3=13, 2+8+3=13, 3+7+3=13, 4+6+3=13,
   5+5+3=13, 6+4+3=13, 7+3+3=13, 8+2+3=13,
   9+1+3=13
5. 8시 30분   6. 18

풀이

1. 9-4+어떤 수=11, 5+어떤 수=11,
어떤 수=6입니다. 어떤 수+5=6+5=11입니다.

2. 제시된 모양을 만들기 위해서는 성냥개비가 19개 필요합니다. □ 모양은 2개, △ 모양은 5개이므로 개수의 차는 5-2=3개입니다.

3. 1~9까지의 수 중에서 35+★<39의 ★에 들어갈 수 있는 수는 1, 2, 3입니다.
1~9까지의 수 중에서 85-♥>82의 ♥에 들어갈 수 있는 수는 1, 2입니다.
그러므로 ♥와 ★ 안에 공통으로 들어갈 수 있는 수는 1, 2이고 1+2=3입니다.

4. □+△+3=13, □+△=10입니다.
□+△는 1+9, 2+8, 3+7, 4+6,
5+5, 6+4, 7+3, 8+2, 9+1입니다.
그러므로 만들 수 있는 덧셈식은
1+9+3=13, 2+8+3=13,
3+7+3=13, 4+6+3=13,
5+5+3=13, 6+4+3=13,
7+3+3=13, 8+2+3=13,
9+1+3=13입니다.

5. 시계가 가리키는 시각은 5시 30분입니다.
긴바늘이 한 바퀴 움직이면 1시간이 지나고, 세 바퀴 움직이면 3시간이 지납니다.
그러므로 5시 30분+3시간=8시 30분입니다.

6. 첫 번째 숫자판은 오른쪽으로 1칸 갈 때마다 3씩 커지고, 아래로 1칸 갈 때마다 1씩 커집니다.
그러므로 가=2입니다.
두 번째 숫자판은 오른쪽으로 1칸 갈 때마다 1씩 커지고, 아래로 1칸 갈 때마다 3씩 커집니다.
그러므로 나=7입니다.
세 번째 숫자판은 오른쪽으로 갈 때마다 3씩 작아지고, 아래쪽으로 갈 때마다 1씩 작아집니다.
그러므로 다=9입니다.
가+나+다=2+7+9=18입니다.

---

⑤ 18~19쪽

1. 87
2. 11
3. 800
4. 현미
5. 4개, 12개
6. 7개, 21개

풀이

1. 1~9의 수 중 합이 15인 두 수는 6과 9, 7과 8입니다.
이 중 두 수의 차가 1인 것은 7과 8입니다.
7과 8로 만들 수 있는 가장 큰 두 자리 수는 87입니다.

2. 14−○=○, ○=7입니다.
△−○=2, △−7=2, △=9입니다.
14−□=△, 14−□=9, □=5입니다.
△+○−□=9+7−5=11입니다.

3. 민기가 말한 수는 200+200=400입니다.
지영이가 말한 수는 300입니다.
호연이가 말한 수는 100입니다.
세 수의 합은 400+300+100=800입니다.

4. 세 자리 수를 비교할 때 백의 자리 수가 클수록 큰 수입니다. 현미와 민규가 가진 수는 백의 자리 수가 5로 같지만, ★이 0이더라도 5★8이 506보다 크므로 현미가 민규보다 더 큰 수를 가지고 있습니다.

---

5. 세 점 중 두 점씩 연결하면 다음과 같은 모양이 나오고, 선을 따라 자르면 삼각형이 4개 나옵니다.
삼각형은 꼭짓점이 3개이므로 4개의 삼각형의 꼭짓점의 개수의 합은 3+3+3+3=12개입니다.

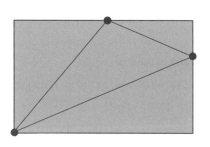

6. 칠교판에서 찾을 수 있는 삼각형 중 1조각으로 된 것은 5개, 2조각으로 된 것은 1개, 5조각으로 된 것은 1개로 모두 5+1+1=7개입니다.
삼각형은 변이 3개이므로 삼각형 7개의 변의 수는 3+3+3+3+3+3+3=21개입니다.

---

⑥ 20~21쪽

1. ★=28, ■=25, ♥=39
2. 45
3. 81−18=63, 92−29=63
4. 25
5. 5가지
6. 수박, 9개

풀이

1. 13+★=41, ★=28입니다.
★+■=53, 28+■=53, ■=25입니다.
■+♥=64, 25+♥=64, ♥=39입니다.
★=28, ■=25, ♥=39입니다.

2. 일의 자리 숫자가 5인 두 자리 수이므로 □5입니다.
□5−8=3▲이므로 □=4입니다.
그러므로 설명하는 수는 45입니다.

3. ♥>▲이고 ♥와 ▲는 모두 0이 아닙니다.
그러므로 10+▲−♥=3입니다.
▲=1, ♥=8 / ▲=2, ♥=9입니다.
만들 수 있는 식

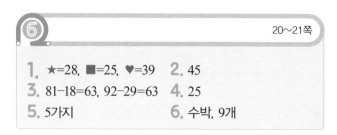

---

4. □3+2△=81입니다.

□+2는 7 또는 8이 되어야 합니다.

□3의 일의 자리가 3이므로 어떤 수를 더해서 81의 일의 자리인 1이 되려면 받아올림이 있어야 합니다. 그러므로 □=5, △=8입니다.

따라서 두 수는 53, 28입니다.

53-28=25입니다.

5. 1 cm, 2 cm, 3 cm 길이의 막대로 5 cm를 만드는 방법은

1 cm, 1 cm, 1 cm, 1 cm, 1 cm

1 cm, 1 cm, 1 cm, 2 cm

1 cm, 1 cm, 3 cm

1 cm, 2 cm, 2 cm

2 cm, 3 cm로 5가지입니다.

6. 사탕 7개, 도넛 9개, 사과 12개, 수박 3개입니다.

가장 적은 것은 수박이고 가장 많은 것은 사과입니다.

12-3=9개이므로 수박이 9개 더 필요합니다.

⑦ 22~23쪽

1. 겨울	**2.** 41개
3. 42	**4.** 2명
5. 860원	**6.** 10개

풀이

1. 겨울은 5명이 좋아하는데, 표에는 4개 밖에 없으므로 ■에 알맞은 계절은 겨울입니다.

2. 3명이 가위를 내서 이겼으므로 7명은 보를 내서 졌습니다. 가위를 낼 때는 손가락을 2개 펴므로 3×2=6개입니다. 보를 낼 때는 손가락을 5개 펴므로 7×5=35개입니다. 그러므로 6+35=41개입니다.

3. 곱하는 두 수가 클수록 곱한 값이 크고 곱하는 두 수가 작을수록 곱한 값이 작습니다. 곱한 값이 가장 큰 것은 4×9=36이고, 곱한 값이 가장 작은 것은 2×3=6입니다. 따라서 36+6=42입니다.

4. 7명이 모두 2장을 받으면 7×2=14장입니다. 스티커의

수는 12장이므로 2장이 부족합니다. 그러므로 1장 받은 친구는 2명입니다.

5. 색연필 2개의 가격은 3000+3000=6000(원),

현주가 가진 돈은 3000+2100+40=5140(원),

따라서 더 필요한 돈은 6000-5140=860(원)입니다.

6. ㉠에 붙일 스티커 모양은 ⬠모양으로 오각형입니다.

오각형의 변은 5개이고, 꼭짓점도 5개이므로 5+5=10개입니다.

---

⑧ 24~25쪽

1. 59□2> 5□01> 499□

2. 3058, 3158, 3258, 3358, 3458, 3558, 3658, 3758, 3858, 3958

3. 48   **4.** 1 m 80 cm

5. 6 m 10 cm

6. 23+19=42, 24+18=42, 25+17=42, 27+15=42, 28+14=42, 29+13=42

풀이

1. 499□는 천의 자리 수가 가장 작으므로 3개의 수 중 가장 작은 수입니다. 5□01의 안에 가장 큰 수 9를 넣고, 59□2에 가장 작은 수 0을 넣어도 5901<5902이므로 가장 큰 수는 59□2입니다.

따라서 59□2>5□01>499□입니다.

2. 천의 자리의 숫자가 3이고 십의 자리 숫자가 나타내는 값이 50, 일의 자리 숫자가 2의 4배인 수는 3□58. 천의 자리 숫자가 3□58인 수는 □에 0~9까지 들어갈 수 있으므로, 3058, 3158, 3258, 3358, 3458, 3558, 3658, 3758, 3858, 3958입니다.

3. 9>8>7>6>4이므로

곱한 값이 가장 큰 것: 9×8=72

곱한 값이 가장 작은 것: 4×6=24

곱한 값이 가장 큰 것과 작은 것의 차: 72-24=48입니다.

4. 200 cm와 300 cm의 사이에 10칸이 있으므로 자의 한 칸의 크기는 10 cm입니다.

이름표의 긴 면은 18칸으로 180 cm입니다.
그러므로 180 cm=1 m 80 cm 입니다.

5. 벽면의 길이는 140 cm만큼 4번+25 cm 만큼 2번입니다.
140 cm+140 cm+140 cm+140 cm+25 cm
+25 cm=610 cm=6 m 10 cm입니다.

6. 2□+▲●=42가 되어야 하므로 ▲는 1 또는 2가 와야 합니다. ▲=2라면, 남은 수로 □+●=2를 만들 수 없으므로 ▲=1이고 □+●=12입니다. □+●=12가 되는 □+●는 3+9, 4+8, 5+7, 7+5, 8+4, 9+3입니다. 그러므로 23+19=42, 24+18=42, 25+17=42, 27+15=42, 28+14=42, 29+13=42를 만들 수 있습니다.

⑨ 26~27쪽

1. 7시 50분
2. 17
3. 8명
4. 6월 12일
5. 12칸
6. 4군데

풀이

1. 지석이는 시계를 9시 10분 전 즉, 8시 50분으로 읽었고 바르게 읽은 것은 긴바늘이므로 시계가 나타내는 시각에서 분은 50분입니다.
현정이가 바르게 읽은 것은 짧은바늘로 시계가 나타내는 시각에서 시는 7시입니다.
그러므로 시계가 나타내는 시각은 7시 50분입니다.

2. 20을 5씩 묶으면 4묶음이 됩니다. 5는 20의 $\frac{1}{4}$이므로 15는 20의 $\frac{3}{4}$입니다. ㉠은 3입니다.
18을 2씩 묶으면 9묶음이 됩니다. 2는 18의 $\frac{1}{9}$이므로 8은 18의 $\frac{4}{9}$입니다. ㉡은 9입니다.
24를 4씩 묶으면 6묶음이 됩니다. 4는 24의 $\frac{1}{6}$이므로 20은 24의 $\frac{5}{6}$입니다. ㉢은 5입니다.
따라서 ㉠, ㉡, ㉢의 합은 3+9+5=17입니다.

3. 개+호랑이+고양이+햄스터=28(명)
14+호랑이+고양이+2=28(명)

호랑이+고양이=12(명)
호랑이+4=고양이 이므로
호랑이+호랑이+4=12
호랑이+호랑이=8
4+4=8이므로 호랑이를 좋아하는 학생은 4명, 고양이를 좋아하는 학생은 8명입니다.

4. 3주일=3×7=21(일)입니다. 5월 20일에서 3주일 후에 놀이 동산에 다녀왔으므로, 놀이 동산에 다녀온 날은 5월 20일+21일=6월 10일입니다. 6월 10일에서 2일 뒤에 서점에 다녀왔으므로 6월 10일+2일=6월 12일입니다.

5. 그래프에 나타내야 하는 학생 수 중 가장 많은 수가 12명이므로 세로 칸은 적어도 12칸으로 해야 합니다.

6. 4군데를 수정해야 합니다.

×	5	6	7	8	9
5	25	30	35	40	45
6	30	36	42	48	54
7	35	42	49	56	63
8	40	48	56	64	72
9	45	54	63	72	81

⑩ 28~29쪽

1. 2037년
2. 24권
3. 9일
4. 19가지
5. 약 3 m 35 cm
6. 64

풀이

1. 2016년부터 3씩 뛰어 세면 2016 – 2019 – 2022 – 2025 – 2028 – 2031 – 2034 – 2037입니다.
그러므로 2035년 이후에 처음 가족 여행을 가는 연도는 2037년입니다.

2. 지영이가 가진 공책: 2×2=4(권)
현철이가 가진 공책: 4×5=20(권)
지영이와 현철이가 가진 공책 : 4+20=24(권)

3. 수요일과 금요일에 도서관에 가므로 도서관에 가는 날은 2일, 4일, 9일, 11일, 16일, 18일, 23일, 25일, 30일로 모두 9일입니다.

4. 곱셈표를 그리고 곱이 39보다 큰 수를 찾으면 모두 19가지입니다.

	5	6	7	8	9
5	25	30	35	40	45
6	30	36	42	48	54
7	35	42	49	56	63
8	40	48	56	64	72
9	45	54	63	72	81

5. 소희가 양팔을 벌린 길이는 1 m 25 cm,
어머니가 양팔을 벌린 길이는 1 m 40 cm,
어머니의 양팔을 벌린 길이의 절반은 70 cm,
그러므로 냉장고의 높이는
1 m 25 cm+1 m 40 cm+70 cm=3 m 35 cm입니다.

6. 8의 단 곱셈구구에 나오는 수 중 49보다 큰 수는
8×7=56, 8×8=64, 8×9=72입니다.
그리고 70보다 작은 수는 56, 64입니다.
그 중 십의 자리 수와 일의 자리 수의 합이 10인 수는 64입니다.

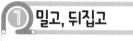

Stage ❷ 와이즈만 영재탐험 수학

① 밀고, 뒤집고   32~37쪽

수학비밀 01 밀어라 밀어

1.

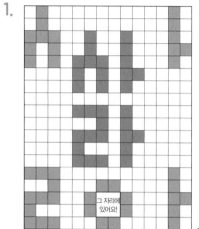

그 자리에 있어요!

, 사랑

수학비밀 02 뒤집어라 뒤집어

1. (1)

(2)

2. (1)

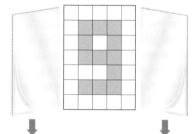

3. (1)

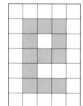

(2)

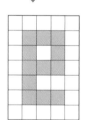

(3)

(4)

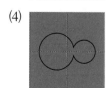

4. (1)   (2)

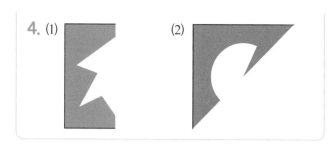

풀이

수학비밀 02 뒤집어라 뒤집어

1. (1) 직접 거울을 놓아 보고, 거울이 놓인 위치를 선으로 그어 보면 쉽게 이해할 수 있습니다.

2. (1) 숫자 '9'를 왼쪽과 오른쪽으로 뒤집어 나올 모양을 먼저 상상해 보고, 거울로 직접 확인해 봅니다.

② 관계 찾기   38~47쪽

수학비밀 03 어떤 수가 들어갈까?

1. (1) 19, 25, 28
   (2) 50, 20, 14
   (3) 8, 24
   (4) (윗줄부터) 0, 17, 40
   (5)

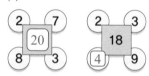

   (6)

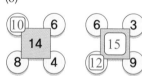

   (7)

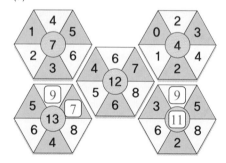

(8)

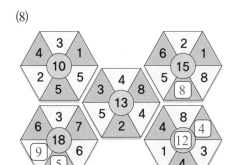

2. (1)

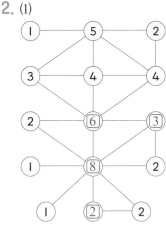

이유: 각 원마다 연결된 선의 개수를 세어 빈칸에 써넣었어요.

(2)

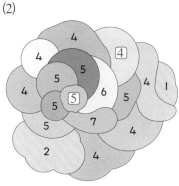

이유: 각 영역에 맞닿아 있는 면의 개수를 세어 빈 칸에 써넣었어요.

수학비밀 04 도형 관계 찾기

1. ③
2. ④
3. ③
4. ④
5. ②
6. ④
7. ③
8. ③

풀이

수학비밀 03 어떤 수가 들어갈까?

1. (4)번 문제는 (3)번 문제와 같은 유형입니다. (4)번은 (3)번을 해결할 때 오른쪽으로 가면 일정한 수만큼 증가했던 것을 이용하여 이와 반대로 왼쪽으로 가면 일정한 수만큼 감소한다는 것을 알 수 있도록 합니다. (5)~(8) 마주 보고 있는 수와 동그라미 안의 수와의 관계를 살펴보고 문제를 해결합니다.

2. (1) 동그라미 안의 수는 주변의 상황과 관련이 있으므로 주변 상황을 살펴보면서 규칙을 찾습니다.
   (2) 다음과 같이 맞닿아 있는 면을 선으로 표시하여 정답을 찾을 수 있습니다.

   예
   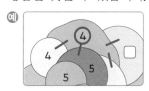

수학비밀 04 도형 관계 찾기

1.~8. 문제를 해결할 때 먼저 여러 가지 요소를 잘 살펴봅니다. 여러 요소(색깔, 모양, 크기, 회전 등)의 순서를 정하여 그 요소에 맞지 않는 것을 지워가면서 문제를 해결하면 수월하게 해결할 수 있습니다.

③ 명탐정 추리추리　　48~57쪽

수학비밀 05 선물 알아맞히기

1.

△	선택한 티셔츠가 선물 상자에 담겨 있지만, 그 옷이 담긴 선물 상자와 짝지어지지 않은 경우
○	옷이 담긴 선물 상자와 티셔츠가 바르게 짝지어진 경우
×	선택한 티셔츠가 어느 선물 상자에도 들어 있지 않은 경우

(1)

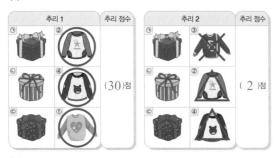

(2)

2. (1)

🌻 ①, 추리 1이 3점이므로 선물 상자에는 ②, ③, ④
의 티셔츠가 담겨 있습니다. 따라서 ①은 어떤 선
물 상자에도 들어 있지 않습니다.

(2)

수학비밀 06 주차의 달인

1. (1)

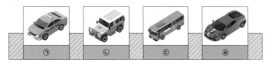

(2)

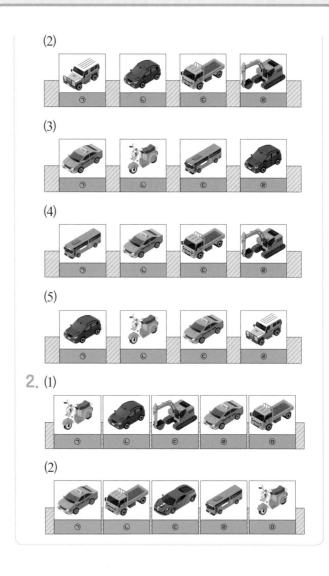

4 모양 나누고, 길 찾고
58~69쪽

수학비밀 07 똑같은 모양으로 나누기

1. (1)

(2)

(3) (예시 답안)

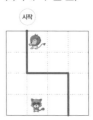

(4)

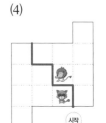

(5)

(6) (예시 답안)

2. (1)

① ② ③ ④ ⑤

(2) (예시 답안)

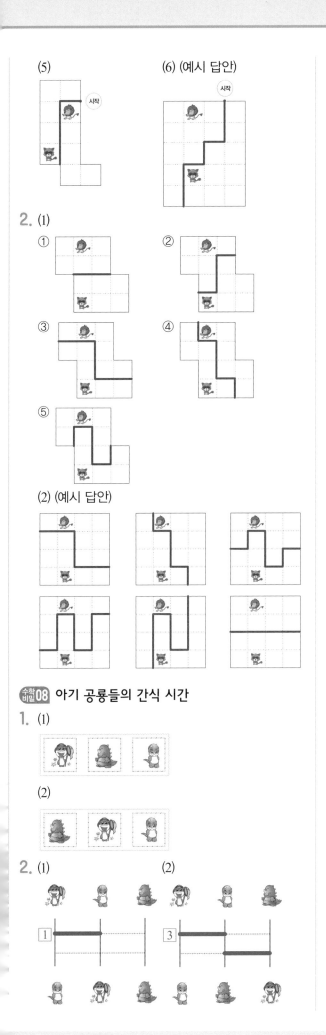

수학비밀08 아기 공룡들의 간식 시간

1. (1)

(2)

2. (1)   (2)

3. (1)   (2)

(3)   (4)

4. (1)   (2)

$\boxed{2} + \boxed{3}$ $\boxed{3} + \boxed{4}$

(3)   (4)

$\boxed{4} + \boxed{3}$ $\boxed{1} + \boxed{4}$

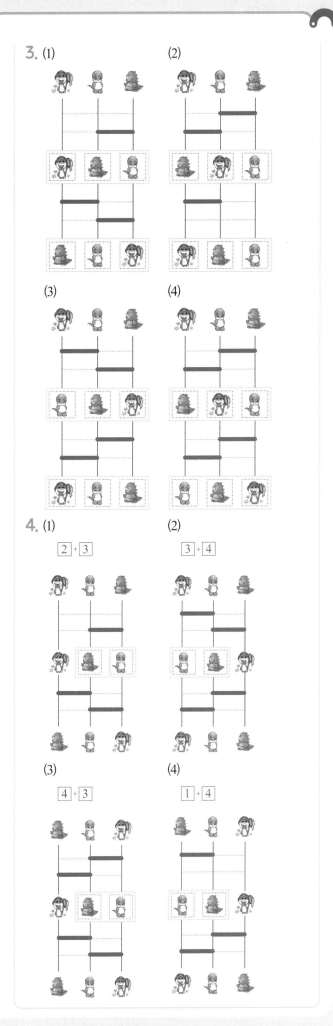

풀이

수학비밀 07 똑같은 모양으로 나누기

1. 똑같은 모양과 크기로 나눌 때 사자와 너구리가 함께 있지 않도록 해야 합니다.

2. (1) 시작점이 없는 도형을 나누는 문제는 점대칭의 중심점에서 해결을 시작하면 문제를 좀 더 체계적으로 해결할 수 있습니다.
   - 중심에서 가로로 가는 길: ①
   - 중심에서 세로로 가는 길: ②, ③, ④, ⑤
     (ⅰ) 직진하는 길: 없음
     (ⅱ) 위부분의 오른쪽으로 가는 길: ②
     (ⅲ) 위부분의 왼쪽으로 가는 길: ③, ④, ⑤

수학비밀 08 아기 공룡들의 간식 시간

2. 다음 질문을 생각하며 문제를 해결합니다.
   - 지나가는 길에 파란선이 없다면 어디로 도착하는가?
   - 지나가는 길에 파란선이 한 개(또는 두 개) 있다면 어디로 도착하는가?

4. 먼저 기준이 되는 회색 공룡의 이동을 살펴보면서 파란선을 몇 개 지나갔을지 예상해 보고 문제를 해결합니다.

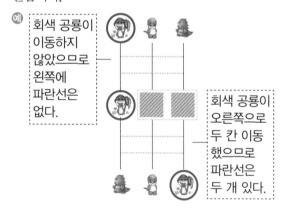

예) 회색 공룡이 이동하지 않았으므로 왼쪽에 파란선은 없다.

회색 공룡이 오른쪽으로 두 칸 이동했으므로 파란선은 두 개 있다.

수학비밀 09 합이 일정한 퍼즐 (마방진)

1.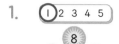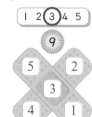

🌼 겹치는 수를 제외하고 수들의 합이 같아요.

2.

3.

수학비밀 10 수 퍼즐

1.

4		2	9
3	2	6	
	5		
1	3		

2.

	1	2	3	
2	7		6	8
		4	9	
3	6	1		
1		5	2	5

3.

4		1	7	5
5	7	9		6
	8		2	4
3	2	7		
5		6	4	

4.

1		2	5	6
2	3	4		7
		1		8
5	2	7		
8		3		3
		9	1	9

5.

7	8		2	9
	1	3	7	
6	2		8	6
1				7
2	5		3	4
		3	9	

풀이

수학비밀 09 합이 일정한 퍼즐 (마방진)

1. 이 문제를 해결하기 위한 전략은 합이 같은 두 개의 수들을 짝짓고, 남은 수를 가운데 칸에 넣는 것입니다. 그러면 1, 2, 3, 4, 5에서는 1, 3, 5만 가운데 칸에 들어갈 수 있고 나머지를 적절히 배열하면 문제를 해결할 수 있습니다.

2. 1번과 같은 방법으로 문제를 해결하면 1, 2, 3, 4, 5, 6, 7의 경우에는 1, 4, 7만이 가운데 칸에 들어갈 수 있습니다.

3. [풀이 1]
첫 번째 문제에서 1부터 6까지 세 개의 수를 합하여 9를 만드는 방법은 1+2+6, 1+3+5, 2+3+4이고, 여기에서 1, 2, 3은 두 번, 4, 5, 6은 한 번씩 사용되었으므로 1, 2, 3은 삼각형의 꼭짓점에, 4, 5, 6은 1, 2, 3의 위치에 맞추어 삼각형의 변 위에 있는 빈 칸에 채워져야 합니다. 이와 같은 방법으로 두 번째 문제도 해결할 수 있습니다.

[풀이 2]
1부터 6까지의 합은 21이고, 한 줄의 합이 9이므로 아래의 빨간 세 줄의 합은 27이 됩니다. 이때 공통되는 부분에 빨간색 동그라미를 하면 이 부분의 합은 27−21=6입니다.

그러므로 빨간색 동그라미 한 부분들의 합은 6이고 이는 1+2+3=6인 경우뿐이므로 빨간색 동그라미에는 1, 2, 3이 들어갑니다. 따라서 남은 4, 5, 6은 1, 2, 3의 위치에 맞추어 배열하면 문제를 해결할 수 있습니다. 이와 같은 방법으로 두 번째 문제도 해결할 수 있습니다.

수학비밀 10 수 퍼즐

3. 5로 시작하는 세 자리 수 564, 579 중 가운데 수와 연결되는 세 자리 수를 생각합니다. 6과 연결할 수 있는 세 자리 수가 없기 때문에 579가 들어가야 합니다.

4. 12를 결정하고 나면 2로 시작하는 세 자리 수 234, 256 중 마지막 수와 연결되는 두 자리 수를 생각합니다. 6과 연결할 수 있는 두 자리 수가 없으므로 234가 들어가야 합니다.

5. 278이 들어가는 자리에 674도 가능하기 때문에 두 가지 모두를 염두에 두고 문제를 해결해야 합니다. 이때 674가 들어간다면 4로 시작하는 두 자리 수가 주어진 수들 중에 없으므로 674는 안되고, 278이 들어가야 합니다.

⑥ 수도관 공사와 셈하기

76~84쪽

수학비밀11 수도관 공사

1. (1) 20원
   (2) 25원
   (3) 35원
   (4) 45원

2. (1) 탐구

   추가 비용: 18원 / 총 공사비용: 50원

   (2) 창조

   추가 비용: 27원 / 총 공사비용: 75원

3. (1) 창의처럼 ⊥ 모양의 수도관을 사용하면 물이 새고, 창조처럼 ⊥ 모양의 수도관을 사용하면 한 집은 수도관과 연결이 되지 않는다. 따라서 탐구의 생각이 가장 좋다.

   (2) 탐구처럼 ✛ 모양의 수도관을 사용하면 물이 새고, 창의처럼 ═ 모양의 수도관을 사용하면 수도관과 수도관이 서로 연결이 되지 않는다. 따라서 창조의 생각이 가장 좋다.

4. (1)

올바른 공사비용: 58원

(2)

올바른 공사비용: 64원

(3)

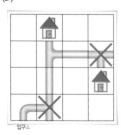 

올바른 공사비용: 58원

수학비밀12 동전 모으기

1. (1)

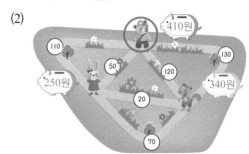

(2)

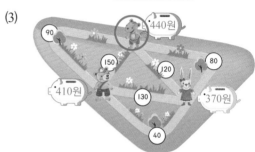

(3)

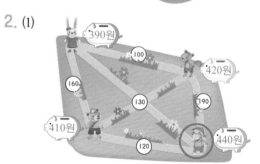

2. (1)

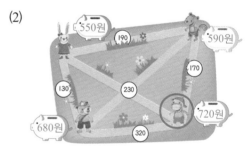

(2)

풀이

수학비밀11 수도관 공사

1. 4종류의 수도관은 돌리거나 뒤집을 수 있음을 생각하여 문제를 해결합니다.

2. 문제에서 제시한 '한 집에는 수도관 하나만 연결해야 한다.'라는 단서를 확인하고 문제를 해결합니다.

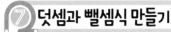

⑦ 덧셈과 뺄셈식 만들기　85~93쪽

수학비밀13 암호 숫자 카드

1. (예시 답안)
   - (1) ② 66, 65, 58
     - ③ 78, 27, 77
     - ④ 91, 21, 22
   - (2) ② 65+68=133
     - ③ 78+27=105
     - ④ 91+22=113

2. (1) 765+2=767
   - (2) 224−7=217
   - (3) 82−11=71

3. (1) 93+73=166
   - (2) 96+15=111
   - (3) 87−45=42

수학비밀14 덧셈 주사위 놀이

1. (예시 답안)
   - (1) 9+26+14=49 / 6+54=60
     - 가져갈 바둑돌의 개수: 7개
   - (2) 19+37=56
     - 가져갈 바둑돌의 개수: 3개
   - (3) 8+18+31=57 / 16+27=43
     - 가져갈 바둑돌의 개수: 7개
   - (4) 19+29=48 / 5+8+23=36
     - 가져갈 바둑돌의 개수: 7개

2. (1) ① 45+7+9=61
   - ② 25+24=49
   - ③ 33+15=48
   - (2) ① 63+17=80
   - ② 24+28=52
   - ③ 37+13+6=56

풀이

수학비밀13 암호 숫자 카드

1. 암호 카드의 화살표가 숫자 카드 ②에 겹쳐진 경우를 예로 들면 다음과 같습니다.

더한 2개의 두 자리 수가 86과 65라면 합은 151이고, 더한 2개의 두 자리 수가 85와 66이라면 합은 141입니다.

⑧ 움직이고 도는 규칙 알기　94~103쪽

수학비밀15 벌들의 외출

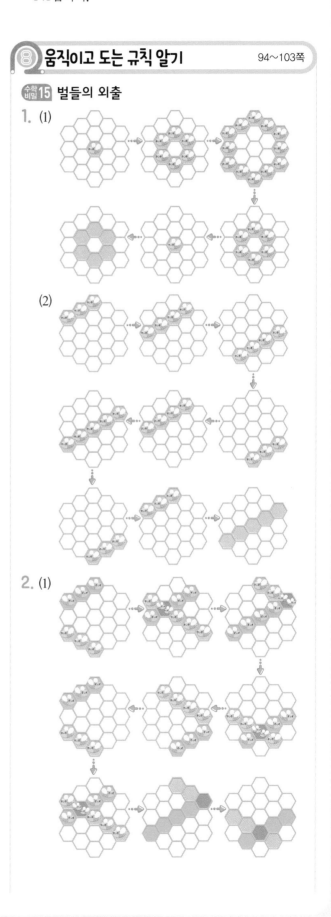

1. (1)

   (2)

2. (1)

(2)

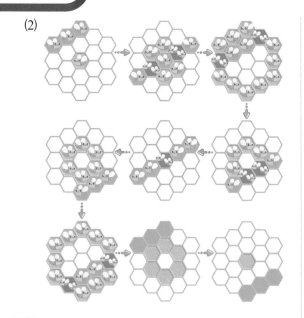

수학
비밀16 빙글빙글 딱지

1. (1) ②
   (2) ①, ②
   (3) ③, ⑤
   (4) ④, ②
   (5) ⑤, ②

2. (1)

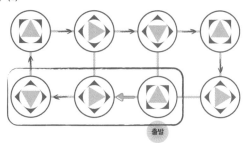

(2)

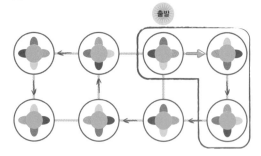

(3)

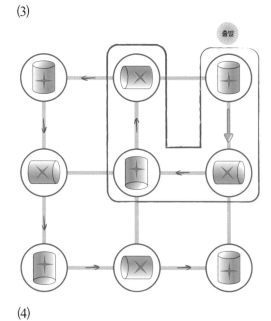

(4)

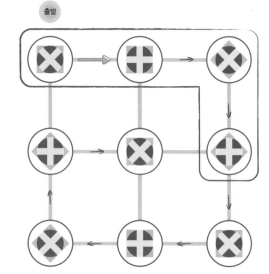

(5)

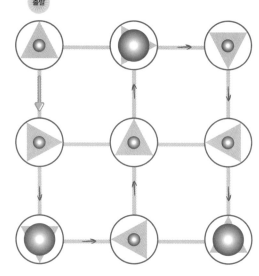

🌸 (예시 답안)

(1) A → B → C

(2) A → B → C

(3) A → B → C

(4) A → B → C → D

(5) A → B → C → D

(6) 삼각형: A → B → C → D

원: a → a → c

풀이

수학비밀 15 벌들의 외출

1. (2) 1칸 앞으로 → 2칸 앞으로 반복

2. (1) 분홍색 칸에 있는 벌들: 1칸 앞으로 반복
파란색 칸에 있는 벌들: 2칸 앞으로 반복

(2) 분홍색 칸에 있는 벌들: 2칸 앞으로
→ 1칸 뒤로 반복

수학비밀 16 빙글빙글 딱지

1. (1) • 대각선을 포함하는 사각형: 시계 방향으로 반의 반바퀴씩 반복하면서 회전
• 빨간색 점을 포함하는 사각형: 시계 방향으로 반의 반바퀴씩 회전

(2) • 삼각형: 시계 방향으로 반의 반바퀴씩 회전
• 사각형: 시계 방향으로 반의 반의 반바퀴씩 회전

(3) • 빨간색 화살표: 왼쪽 → 아래쪽 → 오른쪽으로 3번씩 반복하면서 회전
• 바깥 모양: 시계 방향으로 반의 반바퀴씩 회전

(4) • 노란색 점: 시계 방향으로 반의 반바퀴씩 회전
• 보라색 삼각형: 위쪽 → 오른쪽 → 아래쪽으로 3번씩 반복하면서 회전
• 바깥 모양: 시계 방향으로 반의 반바퀴씩 회전

(5) • 빨간색 십자가: 시계 방향으로 반의 반의 반바퀴씩 회전
• 삼각형: 위쪽 → 오른쪽 → 아래쪽으로 3번씩 반복하면서 회전
• 별: 시계 방향으로 반의 반바퀴씩 회전

---

⑨ 수 규칙 알기

104~110쪽

수학비밀 17 액자 만들기

1.

단계	1단계	2단계	3단계	4단계	5단계
▬	7	12	17	22	27
🖼	4	4	4	4	4
🖼	2	4	6	8	10
🖼	0	1	2	3	4

2.

단계	1단계	2단계	3단계	4단계	5단계
▬	4	10	18	28	40
🖼	4	5	6	7	8
🖼	0	2	4	6	8
🖼	0	1	3	6	10

3.

단계	1단계	2단계	3단계	4단계	5단계
▬	4	13	26	43	64
🖼	4	6	8	10	12
🖼	0	2	6	6	8
🖼	0	2	4	12	20

수학비밀 18 좌석 배치도

1. (1) ① 19 ② 12 ③ 27 ④ 25 ⑤ 25 ⑥ 36

(2)

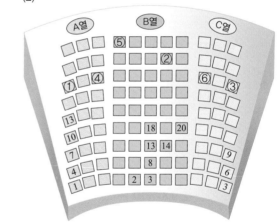

2. (1)

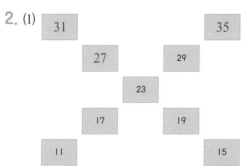

(2)

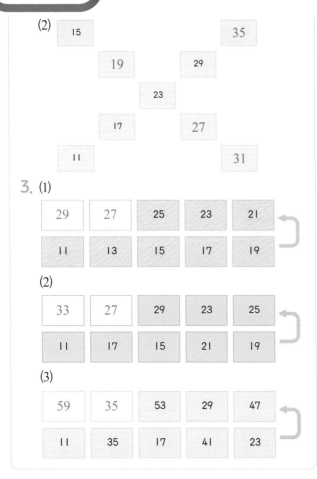

15				35
	19		29	
		23		
	17		27	
11				31

3. (1)

29	27	25	23	21
11	13	15	17	19

(2)

33	27	29	23	25
11	17	15	21	19

(3)

59	35	53	29	47
11	35	17	41	23

풀이

수학비밀 17 액자 만들기

1. • 막대 규칙: +5, +5, +5, +5, ……
   • 이음쇠 규칙: 변화 없음
   • 이음쇠 규칙: +2, +2, +2, +2, ……
   • 이음쇠 규칙: +1, +1, +1, +1, ……

2. • 막대 규칙: +6, +8, +10, +12, ……
   • 이음쇠 규칙: +1, +1, +1, +1, ……
   • 이음쇠 규칙: +2, +2, +2, +2, ……
   • 이음쇠 규칙: +1, +2, +3, +4, ……

3. • 막대 규칙: +9, +13, +17, +21, ……
   • 이음쇠 규칙: +2, +2, +2, +2, ……
   • 이음쇠 규칙: +2, +2, +2, +2, ……
   • 이음쇠 규칙: +2, +4, +6, +8, ……

수학비밀 18 좌석 배치도

3. (1) 2씩 증가하는 규칙
   (2) 6 증가하고 2 감소하는 규칙 반복

(3) 24 증가하고 18 감소하는 규칙 반복

🔟 따로따로, 연결하기
111~119쪽

수학비밀 19 벽화 완성하기

1. (1)

(2)

(3)

(4)

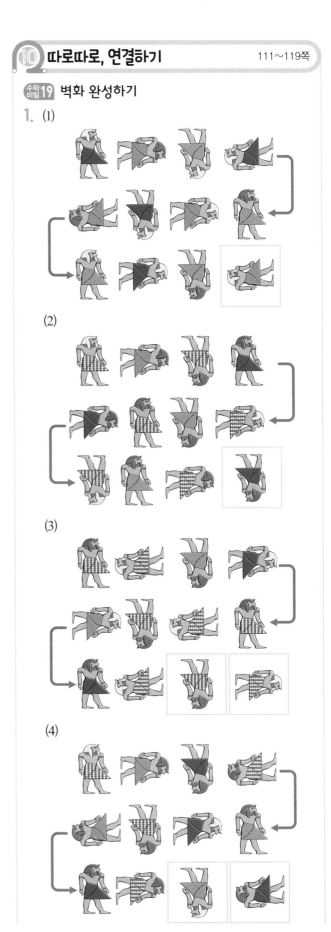

2 (1)

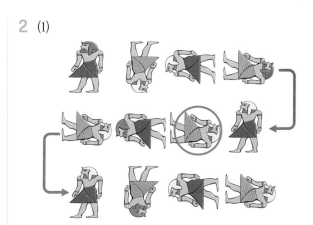

올바른 그림: ④

(2)

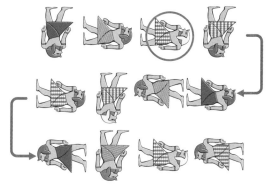

올바른 그림: ④

수학비밀 **20** 퍼즐 조각 연결하기

1.

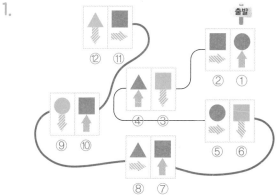

2.

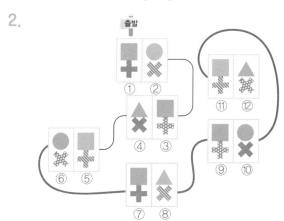

3.

4.

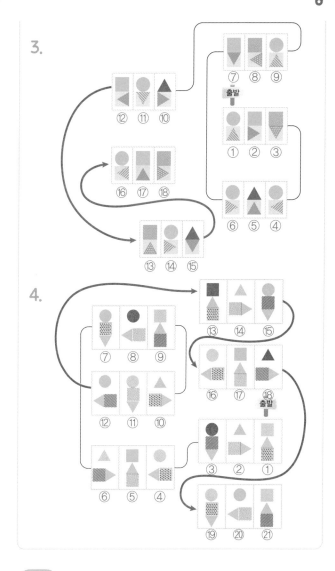

풀이

수학비밀 **19** 벽화 완성하기

1. (1)

머리 색깔	노랑, 빨강, 노랑
치마 무늬	민무늬, 줄무늬, 줄무늬
회전	시계 방향으로 반의 반바퀴

(2)

머리 색깔	노랑, 빨강, 빨강, 파랑
치마 무늬	체크무늬, 줄무늬, 체크무늬, 민무늬
회전	위쪽 → 오른쪽 → 아래쪽으로 3번씩 반복

(3)

머리 색깔	파랑, 노랑, 빨강, 노랑
치마 무늬	체크무늬, 체크무늬, 줄무늬, 민무늬, 체크무늬
회전	반시계 방향으로 반의 반바퀴

(4)

머리 색깔	노랑, 빨강, 빨강, 파랑, 빨강
치마 무늬	체크무늬, 줄무늬, 민무늬
회전	시계 방향으로 반의 반바퀴

2. (1)

머리 색깔	빨강, 노랑, 노랑
치마 무늬	민무늬, 줄무늬
회전	위쪽 → 아래쪽 → 왼쪽 → 오른쪽으로 4번씩 반복

(2)

머리 색깔	파랑, 빨강, 노랑, 파랑
치마 무늬	민무늬, 줄무늬, 체크무늬, 체크무늬
회전	아래쪽 → 오른쪽 → 왼쪽으로 3번씩 반복

수학비밀20 퍼즐 조각 연결하기

1.

위	색깔	빨강, 빨강, 노랑
	모양	원, 사각형, 사각형, 삼각형
아래	위치	위쪽 → 오른쪽 → 아래쪽으로 3번씩 반복
	무늬	민무늬, 줄무늬, 줄무늬

2.

위	색깔	보라, 노랑, 보라
	모양	사각형, 원, 사각형, 삼각형
아래	회전	시계 방향으로 반의 반의 반바퀴
	무늬	민무늬, 줄무늬, 점무늬

3.

위	색깔	노랑, 노랑, 파랑, 노랑, 빨강
	모양	원, 사각형, 사각형, 원, 삼각형
아래	무늬	줄무늬, 민무늬, 점무늬, 줄무늬, 민무늬
	회전	시계 방향으로 반의 반바퀴

4.

위	색깔	파랑, 노랑, 빨강, 파랑, 노랑
	모양	사각형, 삼각형, 원, 원
아래	무늬	점무늬, 민무늬, 줄무늬
	회전	시계 방향으로 반의 반바퀴

11 생각 놀이

120~127쪽

수학비밀21 진짜 왕관을 찾아요

1.
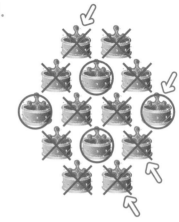

2.
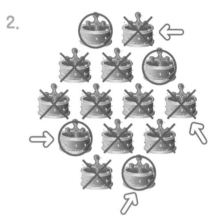

3.
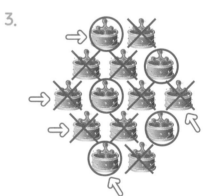

4.
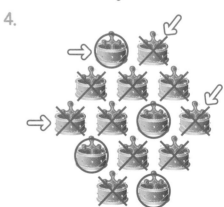

5.

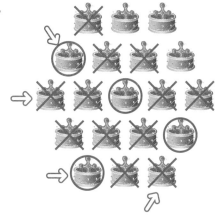

수학비밀22 정원 만들기

1. (1) 정원의 길은 모두 하나로 연결되어야 한다고 했는데 길이 끊겨 있고, 4칸이 모여 있다.

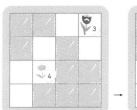 

(2) 길이 모두 연결되어 있기는 하나, 4칸이 모여 있다.

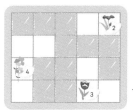 

2. (1)

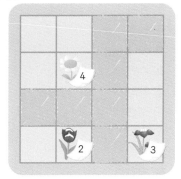

(2)

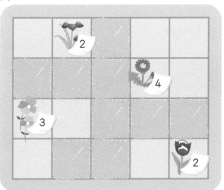

(3) (예시 답안)

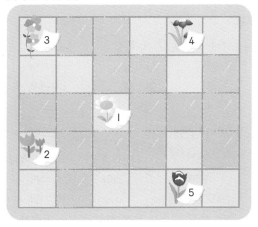

(4)

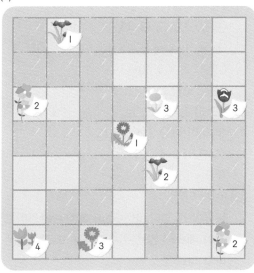

12 공통점이 있는 것끼리

128~133쪽

수학비밀23 공통점을 찾아라

1. (1) (가)묶음의 공통점: 생물
　　(나)묶음의 공통점: 무생물

(2) (가) (나) (가) (나) (가)

2. (1) (가)팀의 공통점: 단추 3개와 파란 신발
　　(나)팀의 공통점: 단추 2개와 노란 모자

(2) (가) X X (나)

3. (1) (가)묶음의 공통점: 두 개의 모양, 원, 원 안에 한 개의 모양
　　(나)묶음의 공통점: 분홍색, 줄무늬
　　(다)묶음의 공통점: 세 개의 모양, 사각형

(2) (다) X X (나) X (나)

수학비밀 24 기준을 세워라

1. (1)

기준	(가)의 특징	(나)의 특징
모양	사각형	삼각형
색깔	보라색	파란색
무늬	없음	점

(2) (예시 답안)

기준	(가)의 특징	(나)의 특징
크기	크다	작다
작은 모양의 개수	4개	1개
색깔	주황색	초록색

2. (1) 기준: 색깔

〈빨강〉 3, 5, 7, 12, 13, 14

〈노랑〉 1, 4, 6, 11, 15, 16

〈파랑〉 2, 8, 9, 10

(2) 기준: 모양

〈도넛〉 1, 10, 12, 14

〈다이아몬드〉 2, 5, 11, 16

〈십자가〉 3, 6, 8, 13

〈원〉 4, 7, 9, 15

(3) (예시 답안)

분류할 수 없다. 어떤 것이 예쁜 손수건이고 어떤 것이 예쁘지 않은 손수건인지 고르는 것은 사람마다 다르다.

(예시 답안)

주관적이면 안 되고, 객관적이어야 해요.

13 어떻게 할까?

134~141쪽

수학비밀 25 과일을 골라라

1.

할머니	창의
① 멜론	② 사과
① 멜론	③ 수박
② 사과	① 멜론
② 사과	③ 수박
③ 수박	① 멜론
③ 수박	② 사과

모두 6가지

2.

할머니	창의
① 멜론	② 사과
① 멜론	③ 수박
① 멜론	④ 딸기
② 사과	① 멜론
② 사과	③ 수박
② 사과	④ 딸기
③ 수박	① 멜론
③ 수박	② 사과
③ 수박	④ 딸기
④ 딸기	① 멜론
④ 딸기	② 사과
④ 딸기	③ 수박

모두 12가지

3.

할머니	창의
① 멜론	② 사과
① 멜론	③ 수박
① 멜론	④ 딸기
① 멜론	⑤ 체리
② 사과	① 멜론
② 사과	③ 수박
② 사과	④ 딸기
② 사과	⑤ 체리
③ 수박	① 멜론
③ 수박	② 사과
③ 수박	④ 딸기
③ 수박	⑤ 체리
④ 딸기	① 멜론
④ 딸기	② 사과
④ 딸기	③ 수박
④ 딸기	⑤ 체리
⑤ 체리	① 멜론
⑤ 체리	② 사과
⑤ 체리	③ 수박
⑤ 체리	④ 딸기

모두 20가지

수학비밀 26 길을 찾아라

1.

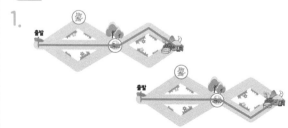

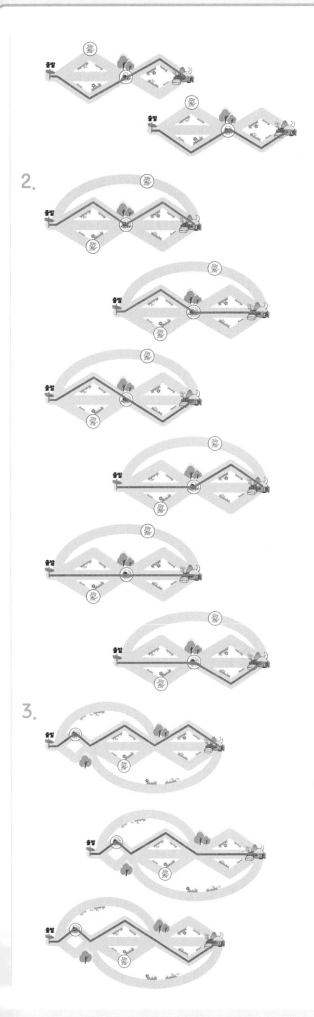

2.

3.

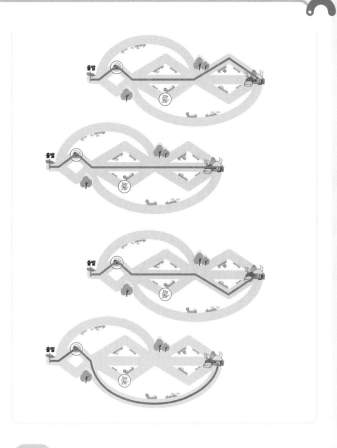

수학비밀25 과일을 골라라

1. 여러 종류의 과일 중에서 2개를 골라 할머니와 창의가 각각 1개씩 먹을 수 있는 모든 경우의 수를 찾는 활동입니다. 예를 들어 사과와 수박을 선택했을 때 할머니가 사과를 먹고 창의가 수박을 먹는 경우와 할머니가 수박을 먹고 창의가 사과를 먹는 경우가 서로 다름을 이해하고 문제를 해결합니다. 이 때 모든 경우의 수를 빠짐없이 찾도록 해야 합니다.

14 네이피어 막대 알기   142~150쪽

수학비밀27 곱셈은 덧셈에서

1. (1)

1	②	3	④	5	⑥	7	⑧	9	⑩
11	⑫	13	⑭	15	⑯	17	⑱	19	⑳
21	㉒	23	㉔	25	㉖	27	㉘	29	㉚
31	㉜	33	㉞	35	㊱	37	㊳	39	㊵
41	㊷	43	㊹	45	㊻	47	㊽	49	㊿

(2) 12, 12

(3)

×	1	2	3	4	5	6	7	8	9
2	2	4	6	8	10	12	14	16	18

2.

1	2	3	4	⑤	6	7	8	9	⑩
11	12	13	14	⑮	16	17	18	19	⑳
21	22	23	24	㉕	26	27	28	29	㉚
31	32	33	34	㉟	36	37	38	39	㊵
41	42	43	44	㊺	46	47	48	49	㊿

×	1	2	3	4	5	6	7	8	9
5	5	10	15	20	25	30	35	40	45

3.

1	2	③	4	5	⑥	7	8	⑨	10
11	⑫	13	14	⑮	16	17	⑱	19	20
㉑	22	23	㉔	25	26	㉗	28	29	㉚
31	32	㉝	34	35	㊱	37	38	㊴	40
41	㊷	43	44	㊺	46	47	㊽	49	50

×	1	2	3	4	5	6	7	8	9
3	3	6	9	12	15	18	21	24	27

4.

1	2	3	4	5	6	7	8	⑨	10
11	12	13	14	15	16	17	⑱	19	20
21	22	23	24	25	26	㉗	28	29	30
31	32	33	34	35	㊱	37	38	39	40
41	42	43	44	㊺	46	47	48	49	50
51	52	53	(54)	55	56	57	58	59	60
61	62	(63)	64	65	66	67	68	69	70
71	(72)	73	74	75	76	77	78	79	80
(81)	82	83	84	85	86	87	88	89	(90)
91	92	93	94	95	96	97	98	(99)	100

×	1	2	3	4	5	6	7	8	9
9	9	18	27	36	45	54	63	72	81

수학비밀 28 네이피어 막대

1.

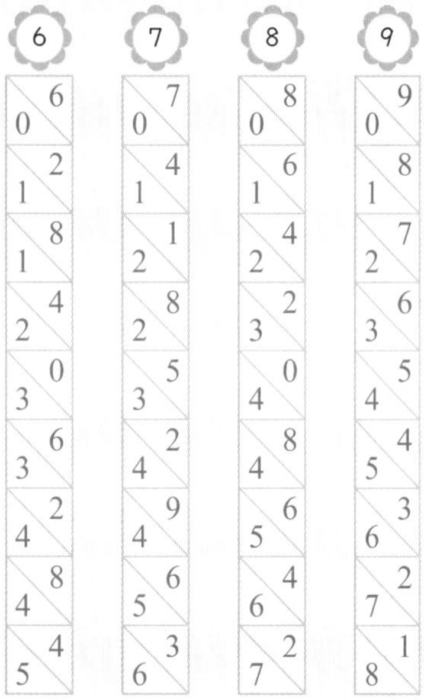

2.

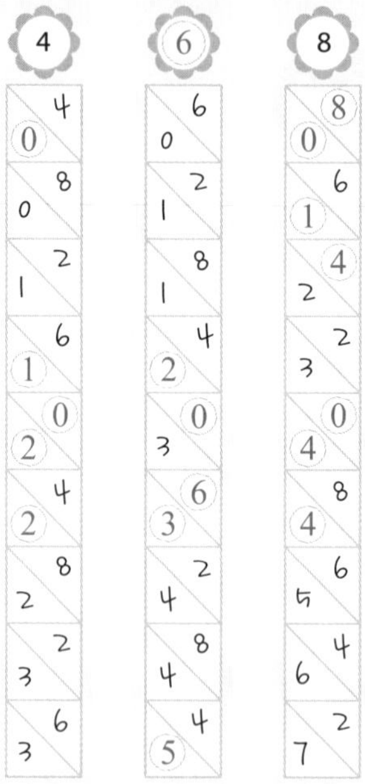

3. (1)

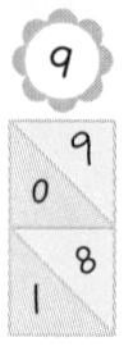

(2)

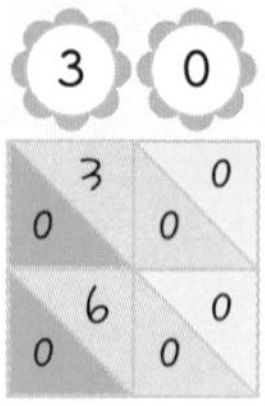

(3)

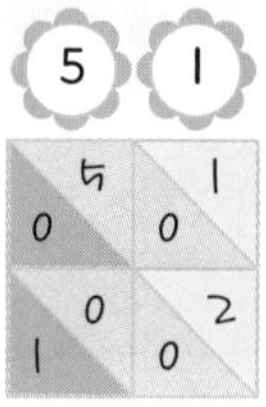

4. (1)

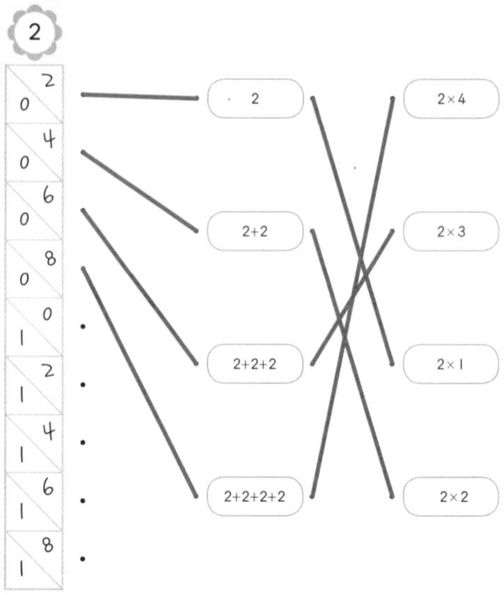

(2)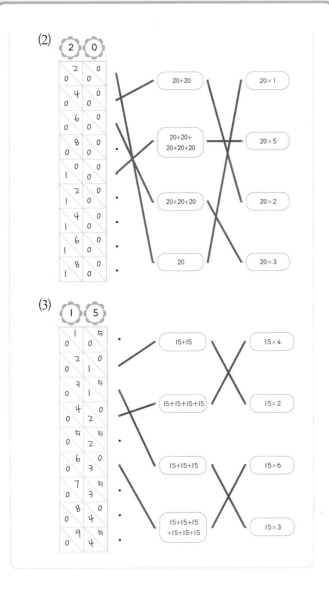

(3)

(3)

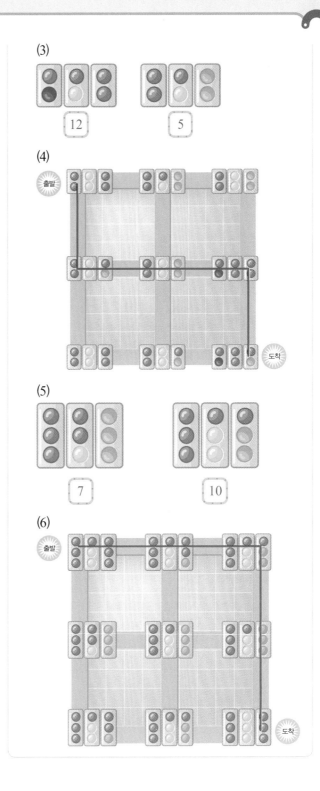

15 신호등 수 규칙 알기
151~156쪽

수학비밀 29 신호등 수

1. (1)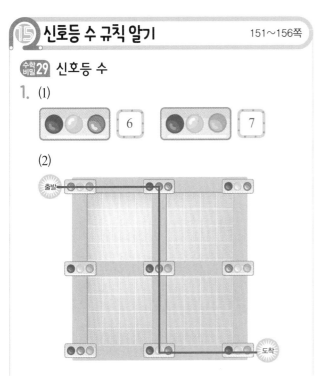

MEMO

MEMO

국내 최대 표제어, 국내 최초 기획! 문·이과 통합 교육의 필수

와이즈만 초등 사전

문·이과 통합 교육 과정이 적용됨에 따라 수학과 과학 필수 개념들을 명확하게 습득해 다져놓는 것이 중요해졌습니다. 초·중등 수학, 과학 교과서는 물론이고 실생활에서 만날 수 있는 용어들까지 폭넓게 담아 그 어떤 사전보다도 많은 단어를 수록하였고 다양한 목적으로 활용할 수 있게 했습니다.

와이즈만 수학사전

박진희 윤정심 임성숙 글 | 윤유리 그림
와이즈만 영재교육연구소 감수 | 267쪽 | 값 25,000원

어려운 용어나 개념이 나왔을 때 선생님이나 부모님께 물어보는 것도 좋지만, 자기 스스로 문제를 해결하려고 노력하면 기억에 훨씬 오래 남아서 학습 효과가 뛰어나고 더 발전적인 수학 영역으로 확장시킬 수 있습니다. <와이즈만 수학사전>은 용어의 핵심을 짚어 간결하게 설명하고 있어요. 또한 조각 지식이 아닌, 맥락을 이해하고 종합할 수 있는 해설과 연관어까지 익힐 수 있고, 학년별 표제어로 무엇부터 익혀야 할지 친절하게 제시해 줍니다.

와이즈만 과학사전

김형진 윤용석 최희정 글 | 김석 송우석 그림
와이즈만 영재교육연구소 감수 | 376쪽 | 값 30,000원

변화된 교육 환경과 개정된 교과서에 맞춰 기초 과학부터 응용 과학까지, 초등부터 중등 교과 과정까지 폭넓게 아우르며 꼭 필요한 개념어를 엄선하였고, 초등학생 눈높이에 딱 맞게 쉽고 간명한 풀이를 하고 있습니다. 같은 용어라도 국어사전이나 백과사전에서는 해소할 수 없었던 정확하고 과학적인 해설과 관련 단어의 연결성까지 두루 갖추었습니다. 또한 용어의 한자와 영문 표기도 함께하여 그 뜻을 더욱 분명히 이해하도록 돕고 있습니다.

개정 교과서 반영 | 가나다순 목차 | 한자, 영어 병행 표기 | 기초부터 심화 확장까지 | 국내 최다 표제어 수록